Martin Kluger

Nationaler Geopark Ries

Landschaft. Geschichte. Kultur.

Ein Reiseführer aus dem

context verlag Augsburg
www.context-mv.de

Das Ries: die einzigartige Kraterlandschaft

In und um Nördlingen

Auf dem südlichen Kraterrand

In und um Oettingen und Wallerstein

An der Donau und über dem Donautal

Über dem Donautal in Richtung Osten

Das Ries: die einzigartige Kraterlandschaft

Bayerns erster Nationaler Geopark

Denkmäler
Erholung
Erlebnis
Familienziele
Fauna und Flora
Genuss
Geologie
Geotope
Geschichte
Kultur
Kunst
Landschaft
Natur
Radwandern
Romantik
Städte
Wald
Wandern
Wasser

Im RiesKraterMuseum in Nördlingen werden der Meteoriteneinschlag und die daraus resultierende Entstehung des Nördlinger Rieses erklärt.

Das Ries: Krater, Geschichte, Kultur – die Auswirkungen einer Katastrophe

Das Riesereignis: Vor rund 14,5 Millionen Jahren war die Region der Schauplatz einer gigantischen Katastrophe: Ein gewaltiger Meteorit zerstörte eine blühende Landschaft. Im Umkreis von rund 100 Kilometern löschte der Impakt alles Leben aus. Ungeheure Gesteinsmassen wurden aus ihrem Verband gerissen, zerkleinert, teils aufgeschmolzen, verdampft und sehr weit weggeschleudert. Neue Gesteine bildeten sich, der Rieskrater entstand.

Der Rieskrater gehört zu den am besten erhaltenen und erforschten Einschlagskratern dieser Erde – er ist damit eine erstrangige geologische Besonderheit. Als solche hat das Ries nicht nur auf Geologen eine magnetische Wirkung. Auch eine große und stetig steigende Zahl an Geotouristen, Schulklassen und interessierten Laien, nicht zuletzt auch Wanderer und Radfahrer aus aller Welt begeben sich im Ries auf die Suche nach Spuren

In den Ofnethöhlen nahe Nördlingen siedelten Steinzeitmenschen, die ersten belegten „Rieser".

der kosmischen Katastrophe. Der Meteoriteneinschlag vor rund 14,5 Millionen Jahren beeinflusste – bis heute prägend – das Landschaftsbild und die Beschaffenheit des geologischen Untergrundes. Der Nationale Geopark

Am Kraterrand finden sich markante Gesteinsformationen wie zum Beispiel dieses Felsentor.

Der Rieskrater – Kriterien des Meteoriteneinschlags

Kraterdurchmesser	ca. 24 km
Einschlagsgebiet	Grenzgebiet zwischen Schwäbischer Alb und Fränkischer Alb
Einschlagszeit	vor ca. 15 Mio. Jahren
Größe des Asteroiden	ca. 1 km Durchmesser
Impaktenergie	ca. 250.000 Hiroshima-Bomben
Geschwindigkeit des Asteroiden	ca. 70.000 km/h
Maximaler Druck	4 Mio. bar
Maximale Temperatur	einige 10.000 Grad
Höhe der Glutwolke	ca. 30 km
Bewegte Gesteinsmassen	ca. 1.000 km^3
Dauer des Kraterwachstums	20 – 30 Sekunden
Dauer schneller Bewegungen	wenige Minuten
Tiefe des Kraters	0,5 bis 4 km
Auswurfweite	Reutersche Blöcke bis 70 km, Moldavite bis 400 km*

Quelle: www.lfu.bayern.de/geologie/meteorite/ries/fakten/index.htm (Stand April 2019)
* nach neueren Erkenntnissen Moldavite bis 500 km (Fundort Schlesien)

Ries macht die geologischen und geomorphologischen Prozesse und ihre weitreichenden Folgen sicht- und erlebbar. Geotope bieten als „Fenster in die Erdgeschichte" Einblicke in die Entstehungsgeschichte der Landschaft. Zahlreiche Orte lassen nachvollziehen, welchen Einfluss geologische Formationen auf die Bildung von Böden und Lebensräumen haben, wieso und weshalb sich zum Beispiel auf den Kraterrändern Magerrasenbiotope gebildet haben, wie diese Flächen durch die Wanderschäferei genutzt und erhalten werden, was bereits in der Steinzeit Menschen in Höhlen im Rieskrater lockte und warum das fruchtbare Riesbecken seit den Römern (und bis heute) eine der Kornkammern Bayerns ist.

Der im Jahr 2006 zertifizierte Geopark Ries war der erste Nationale Geopark in Bayern. Eine seiner wichtigsten Aufgaben ist es, das geologische Erbe in dieser Region für Einheimische wie für Touristen zu erschließen. Aber auch die Förderung der Wissenschaft und wissenschaftlicher Kooperationen sowie die Bildung für Nachhaltige Entwicklung gehören zum Aufgabenspektrum. Derzeit bewirbt sich der Geopark Ries darum, einer von weltweit lediglich rund 140 UNESCO Global Geoparks dieser Erde zu werden. *Günther Zwerger | Heike Burkhardt*

Höhlen, Keltenschanzen und römische Mauern, Städte und Dörfer, Burgen und Schlösser, Kirchen und Klöster zeugen von den Menschen im Ries.

Im Ries: Steinzeithöhlen und reiche Städte, Römer und Ritter, Glaubenskampf und Schlachten

Der Geopark Ries bietet weitaus mehr als „nur" Geologie. Neben den geologischen„Erbstücken" macht diese Region an der Grenze zwischen Bayern und Baden-Württemberg auch ihren besiedlungsgeschichtlichen und kulturellen Reichtum sichtbar: Sie lenkt die Aufmerksamkeit ihrer Bewohner und Gäste sowohl auf die ökologischen Besonderheiten als auch auf Kultur und Kunstschätze und animiert dadurch zu einem respektvollen Umgang mit dem einzigartigen Erbe. Die frühe Besiedlung durch Steinzeitmenschen, Kelten und Römer, die im Mittelalter blühende Reichs- und Messestadt Nördlingen, die schwäbischen Reichsstädte Donauwörth und Bopfingen sowie die altbaierischen Grenzstädte Wemding und Monheim schufen auf engem Raum eine seltene kulturelle Vielfalt. Die Residenzorte, Schlösser und Klosterstiftungen der Grafen von Oettingen und ihrer später entstandenen Linien sind Höhepunkte der Baukunst und der Kunst. Staufer und Ritteradel, jüdische Gemeinden, die Reformation und ihre Folgen – darunter blutige Schlachten – haben diese Region mitgeformt.

1 Höhle Hanseles Hohl Fronhofen

Der Michelsberg war früh besiedelt, dann wurde er zum Wallfahrtsort. Bei der Kirche entdeckt man die Hanseles Hohl, die schon von Steinzeitkannibalen bewohnt wurde.

2 Kalvarienberg Gosheim

Der Lehrpfad im Geotop Kalvarienberg verläuft vom ehemaligen Kalksteinbruch am Fuß des Hügels über einen Kreuzweg bis zur felsigen Kuppe.

3 Karlsgraben Graben

793 wollte Kaiser Karl „der Große" einen Schiffskanal graben lassen – heute zählen 350 Meter Wasserfläche und zwei Dämme zu den 100 schönsten Geotopen Bayerns.

4 Glaubenberg Großsorheim

Ein Erlebnislehrpfad im Geopark Ries: Das Geotop Glaubenberg in einem früheren Steinbruch ist ein riesiges Gesteinspuzzle. Ein Lehrpfad in der Megablockzone.

5 Riesseekalke Hainsfarth

Der 200 Meter lange Aufschluss gilt als der bedeutendste unter den Steinbrüchen, in denen man Riesseekalk abbaute, und ist eines der 100 schönsten Geotope Bayerns.

6 Hüllenloch Harburg

In einer 400 Meter langen und 20 Meter hohen Felswand befinden sich drei Karsthöhlen – die schönste ist das Hüllenloch, um das sich eine teuflische Sage dreht.

7 Lindle Holheim

Im ehemaligen Steinbruch nahe Holheim leitet der drei Kilometer lange Lehrpfad des Erlebnis-Geotops Lindle zu Aspekten der Geologie, Natur und Geschichte.

8 Ofnethöhlen Holheim

Zwei Höhlen im Riegelberg – die Große Ofnet und die Kleine Ofnet – zählen zu den Hauptsehenswürdigkeiten im Ries und zu den 100 schönsten Geotopen Bayerns.

9 Hexenküche Lierheim

Die gut begehbare Karsthöhle in einer steil abfallenden felsigen Hangkante über dem Tal des Flüsschens Eger gehört zu den sehenswertesten Geotopen im Rieskrater.

10 Klosterberg Maihingen

Erlebnis-Geotop im Geopark: Aufschlüsse (Grundgebirge, Trias und fossiles Algenriff des Riessees) sowie ein Erzabbaustollen im Tal der Mauch beim Kloster Maihingen.

11 Kühstein Mönchsdeggingen

Das Erlebnis-Geotop Kühstein gibt in zwei ehemaligen Steinbrüchen Einblicke in die Geologie – Spuren eines Riffgürtels sowie eines Mündungsdeltas am Riessee.

12 Suevitsteinbruch Wemding

Der aufgelassene Suevitsteinbruch liegt im Wald über Wemding am Doosweiher, der Teil eines technischen Denkmals der frühneuzeitlichen Wasserversorgung ist.

13 Impaktgestein Wengenhausen

Der 50 Meter lange und bis zu fünf Meter hohe Aufschluss in einem aufgelassenen Steinbruch gehört zu den 100 schönsten Geotopen in Bayern.

14 Kalvarienberg Wörnitzstein

Auf einem durch den Riesimpakt hierher geschleuderten Felsen steht eine Kapelle auf dem Kalvarienberg. Drum herum führt ein Lehrpfad des Geoparks Ries.

Lage dieser Geotope siehe Karte im Umschlag

1 Burghügel Altenberg

Über Altenberg (Gemeinde Syrgenstein), dem höchstgelegenen Dorf im Landkreis Dillingen a. d. Donau, steht das ehemalige Schloss der Freiherren von Syrgenstein.

2 Ipf Bopfingen

Den Zeugenberg über der Stadt Bopfingen sieht man fast überall im Ries – und man sieht von oben nicht nur vieles vom Ries, sondern (bei klarer Sicht) auch die Alpen.

3 Schlossberg Bopfingen

Auf dem Schlossberg im Bopfinger Stadtteil Schloßberg steht die Ruine Flochberg. Von dort aus genießt man die spektakuläre Aussicht auf den nahen Ipf und die Stadt.

4 Mangoldfelsen Donauwörth

Den riesigen Klotz an der Promenade hat der Riesimpakt hierher versetzt. Die Burg der Mangolde stand auf diesem Felsen, der an ein blutiges Drama erinnert.

5 Goldberg Goldburghausen

Gold gab es hier nie – doch dafür ist der Goldberg eine weit sichtbare, landschaftsprägende Erhebung am westlichen Kraterrand, die dort an den Riessee erinnert.

6 Bockberg Harburg

Hoch über der Harburg und dem Wörnitztal bietet der Bockberg die weite Aussicht bis ins Donautal. Auf dieser felsenreichen Anhöhe endet der Rieskrater-Planetenweg.

7 Burgfelsen Hochstein

Eine kleine Kapelle im Bissinger Ortsteil Hochstein auf einem steilen ehemaligen Burgfelsen markiert einen Aussichtspunkt mit Blick auf das Kesseltal.

8 Rollenberg Hoppingen

Direkt über der Wörnitz und hoch über dem Dorf liegt der Rollenberg. An seinen Hängen findet man die fürs Ries typische Wacholderweide, oben den Blick ins Tal.

9 Blasienberg Kirchheim am Ries

Neben dem nahen Ipf ist der Blasienberg der zweite landschaftsprägende Zeugenberg am westlichen Rand des Rieses. Im Winter wird er sogar zur Skipiste.

10 Hexenfelsen Nördlingen

Der freistehende Klotz aus dolomitischem Kalkstein ist Teil des inneren Kraterringes. Auf dem Felsen auf der Marienhöhe stand im Mittelalter der Galgen der Reichsstadt.

11 Adlersberg Reimlingen

Diese freistehende Felskuppe mit dem Gipfelkreuz und weiter Aussicht über das Ries findet man im Norden der Nördlinger Nachbargemeinde Reimlingen.

12 Hagbuck Spielberg

Auf dem 596 Meter hohen Hagbuck steht Schloss Spielberg am nördlichen Kraterrand. Von der Zwingermauer aus genießt man die Sicht über das nördliche Ries.

13 Wallersteiner Burgfelsen

Der „Wallerstein" – einst ein Inselberg im Riessee – ist heute einer der bekanntesten Aussichtspunkte im Ries. Am Fuß dieses Felsens entdeckt man eine Höhle.

14 Wemdinger Platte

Auf der Anhöhe am östlichen Kraterrand wird eine Zeitpyramide entstehen. Einen atemberaubenden Blick auf Wemding und das Wörnitztal genießt man schon heute.

Lage dieser Felsen, Zeugenberge und Aussichtspunkte siehe Karte im Umschlag

In und um Nördlingen

Das Zentrum des Rieskraters

Alerheim
Appetshofen
Deiningen
Enkingen
Grosselfingen
Herkheim
Lierheim
Möttingen
Nördlingen
Reimlingen
Wörnitzostheim

Eine Figur Kaiser Maximilians I. ziert die Fassade des Nördlinger Brot- und Tanzhauses. Daneben ragt der „Daniel", der Turm von St. Georg, empor.

Rieser Städteromantik unter dem „Daniel" und die einmalige Nördlinger Stadtmauer

Nördlingen ist das Zentrum im Ries – zwar nicht geografisch (denn dieser Punkt liegt nordöstlich der Stadt), doch sicherlich in Sachen Bedeutung und Geschichte, Kunst und Kultur, Sehenswertem und Tourismus. Aus fünf Richtungen laufen die Straßen auf die Riesmetropole mit ihrer deutschlandweit einzigartigen Stadtmauer zu, die sich fast kreisrund um den Turm der Georgskirche, den „Daniel", zieht und so die Form des Rieskraters aufzunehmen scheint. Wo sonst sollte man das RiesKraterMuseum suchen, wenn nicht hier? Vor der Stadtmauer findet man zwei Schlachtfelder, einen Hexenfelsen und eine Hexenküche.

Fremder, kommst du nach **Nördlingen** – um den Aufstieg zur Aussichtsplattform auf dem „Daniel" kommst du nicht herum: Exakt 89,9 Meter ist der Glockenturm der Kirche St. Georg hoch, und der rundherum begehbare Turmkranz liegt nicht sehr weit unter der Turmspitze.

Die Luftaufnahme zeigt das fast völlig erhaltene Rund der mittelalterlichen Nördlinger Stadtmauer.

Nach 350 (garantiert nicht barrierefreien) Stufen bis zu dieser Aussichtsplattform bietet sich die 360-Grad-Sicht auf die Dächer und Gassen der Stadt, auf die Stadttore und Türme der Stadtmauer, auf das Umland und auf die

Der Blick vom rundum begehbaren Turmkranz des „Daniel" auf das gotische Nördlinger Rathaus.

Auch für die Georgskirche und für den alles überragenden „Daniel" nutzte man vorwiegend Suevit aus dem Ries als Baumaterial.

Ränder des Rieskraters. Das Portemonnaie sollte man dabei nicht vergessen, denn für diese Aussicht wird Geld verlangt, das einer jener hauptamtlichen „Türmer" kassiert, die abwechselnd in der Turmstube leben und bis heute – zwischen zehn und zwölf Uhr in der Nacht (und das jede halbe Stunde) – „So G'sell so" rufen. Der traditionelle Ruf erinnert an einen angeblichen (wegen eines Schweins und einer aufmerksamen Nördlingerin verhinderten) Überfall Graf Johanns von Oettingen auf die Stadt: Dabei handelt es sich um eine Legende, für die es zwar keinen historischen Beleg, dafür aber gleich drei Denkmäler im, am und vor dem Löpsinger Tor gibt.

Den Turm der Nördlinger Georgskirche sieht man von zahlreichen Orten im Ries aus. Er ist sowohl das Wahrzeichen Nördlingens als auch eine prominente Landmarke. Den Namen erhielt der „Daniel" wahrscheinlich nach einem Bibelvers des Alten Testaments. Nach rund 40-jähriger Bauzeit war der Kirchturm 1490 eigentlich fertiggestellt. Doch erst, als 1537 ein Blitzschlag seine Turmspitze zerstört hatte, erhielt der „Daniel" bis 1539 die markante Haube im „welschen" (italienischen) Stil.

Der Blick in die Kirche ist ein „Muss“. Die seit der Einführung der Reformation evangelische Stadtpfarrkirche St. Georg „gehört zu den großartigsten Leistungen der spätgotischen Sakralbaukunst in Süddeutschland“. 1427 wurde das Bauprojekt vom Rat beschlossen und die dreischiffige (mit Turm 93,5 Meter lange) Kirche bis 1519 weitgehend errichtet. Endgültig abgeschlossen waren die Bauarbeiten wohl erst um 1560. 1877 begannen größere Renovierungsarbeiten, weil die Kirche und ihr Turm aus teils grobkörnigem Suevit aus dem Ries errichtet worden waren – ein Baumaterial, das sich als anfällig für Verwitterungsschäden erwies. Für anspruchsvollere Steinmetzarbeiten (wie an den Portalen) hatte man Kalkstein von außerhalb, etwa aus Donauwörth, besorgt.

Die Architektur und die Ausstattung der mit Ausnahme der sechs Portale äußerlich schmucklos wirkenden Kirche spiegeln die Blütezeit der vor allem im 14. und 15. Jahrhundert (und bis zur Verlagerung der Fernhandelswege im 16. Jahrhundert) prosperierenden Messestadt Nördlingen wider. Die 1219 erstmals genannte Pfingstmesse hatte sich zur bedeutendsten Fernhandelsmesse Oberdeutschlands entwickelt, mit der nur noch die Frankfurter

Vor dem massigen spätgotischen Chor von St. Georg steht der Kriegerbrunnen von 1902.

Der Blick auf die Pfeiler des Mittelschiffes und das Netzgewölbe in der evangelischen Georgskirche.

Messe vergleichbar war. Der Einzugsbereich der Pfingstmesse reichte folglich bis ins Elsass, in die Niederlande, in die Schweiz und nach Tirol, nach Wien, Sachsen und sogar Polen. Das brachte viel Geld in die Stadt, und auch die Nördlinger Kunst blühte: Maler wie Friedrich Herlin, Hans Schäufelin und Sebastian Taig schufen Werke für die Kirchen in Nördlingen, aber auch anderswo im Ries. Die Dauerausstellung im Stadtmuseum Nördlingen zeigt heute Schöpfungen dieser altdeutschen Meister.

Quasi eine „Kunstausstellung" beherbergt auch das mit einer Länge von 79 Metern und dem 18,6 Meter hohen Langhausgewölbe so imposante Innere von St. Georg. Das spätgotische Netzgewölbe über den schlanken Säulen im Langhaus fällt ebenso umgehend ins Auge wie das 1499 von einem Augsburger Meister gearbeitete figurenreiche Relief des steineren Kanzelkorbes. Der hölzerne Schalldeckel darüber – verziert mit der Figur des auferstandenen Christus, mit Putti und mit Engelsköpfen – entstand aber erst 1681. Die 1610 geschaffene Renaissanceorgel dahinter ist (weil 1974 zerstört) eine Rekonstruktion. Aus der Zeit um 1500 stammt dagegen das original erhaltene Chorgestühl in der Georgskirche:

Das Stadtmuseum Nördlingen zeigt Tafelbilder Nördlinger Meister des 15. und 16. Jahrhunderts.

Zeichen der Blüte der reichen Messestadt: Kunst, Baukunst und Ingenieurskunst

Drei Nördlinger – alle drei am Bau oder an der Ausstattung der Kirche St. Georg beteiligt – stehen stellvertretend für die Blüte der Kunst sowie der Ingenieurs- und Baukunst in der reichen Messestadt. So war der 1459 nach Lehrjahren in Köln und den Niederlanden eingewanderte Maler Friedrich Herlin ab 1467 Bürger von Nördlingen, wo er um 1500 starb. Werke Herlins für St. Georg stellt das Stadtmuseum Nördlingen ebenso aus wie die Kunst des 1540 verstorbenen Nördlinger Stadtmalers Hans Schäufelin: Er hatte für Dürer in Nürnberg sowie für Hans Holbein d.Ä. in Augsburg gearbeitet und für Kaiser Maximilian I. Buchillustrationen geschaffen. Das Nördlinger Bürgerrecht erhielt er als Geschenk, als er 1515 im Rathaus das Wandgemälde „Judith und Holofernes" geschaffen hatte. Am Bau der Georgskirche (und des Ulmer Münsters) war der gebürtige Nördlinger Hans Felber beteiligt. Der „Handwerkeringenieur" gilt als Universalgenie: Er wurde Werkmann und Büchsenmeister der Reichsstadt Ulm, baute Kriegsmaschinen für Kaiser Sigismund und die Stadt Nürnberg sowie um 1433 ein Hebewerk für das Augsburger Wasserwerk am Roten Tor.

Die steinerne Kanzel von St. Georg mit ihren figurenreichen Reliefs ist ein Meisterwerk der Bildhauerkunst der ausklingenden Gotik.

Reliefs von Heiligen und Propheten zieren die Stuhlwangen, Aufsatzbüsten darüber stellen Propheten und Fabelwesen dar. Kaum zu übersehen sind die zahlreichen

Schnitzfiguren von Propheten und Fabelwesen zieren das eichene Kirchengestühl in St. Georg.

Prächtiges Kunstwerk – der figurenreiche Schalldeckel der Kanzel in St. Georg. Die Orgel mit dem Renaissanceprospekt ist eine Rekonstruktion.

Totenschilde der Nördlinger Geschlechter (darunter das Wappenschild des Stadtmalers Friedrich Herlin) und viele steinerne, in Bronze gegossene, geschnitzte und gemalte Epitaphe. Hochrangige Bildhauerkunst sind etwa die Grabmäler des Albrecht von Braunschweig-Grubenhagen oder der Anna von Oettingen-Wallerstein. Den 1546 bei Nördlingen gefallenen Militär hat man in voller Rüstung dargestellt. Das Relief am Epitaph der Gräfin zeigt die 1555 Verstorbene unter einer Auferstehungsszene.

Die Kirche steht am zentralen Marktplatz – dort liefen die fünf Haupthandelsstraßen in Richtung der Messestadt Nördlingen zusammen. Um diesen Platz gruppieren sich bis heute die bedeutendsten profanen Bauten aus der Blütezeit der Reichsstadt – insbesondere das Rathaus, das Brot- und Tanzhaus sowie das Hohe Haus. Die Adresse „Marktplatz 1“ gehört natürlich zum Rathaus, einem dreigeschossigen Satteldachbau, der im 13. oder 14. Jahrhundert errichtet und um 1500 um ein Geschoss aufgestockt wurde. Entstanden war dieser gotische Bau aus einem Stadthaus der Grafen von Oettingen: Als sie dieses Gebäude im Jahr 1313 an das Kloster Heilsbronn

Die Freitreppe des Rathauses ist ein Bauwerk im Stil der Renaissance. Den Haustein gewann man aus heimischem Suevit und Kalkstein.

verkauften, war es eines der wenigen gemauerten Bauwerke Nördlingens. 1525 ging das bis dahin vom Kloster gepachtete Rathaus in den Besitz der Reichsstadt über,

Der „Narrenspiegel“ unter der Freitreppe des Rathauses erinnert an einen ehemaligen Pranger.

die seit 1215 das Stadtrecht besaß. Fassadenerker und der kleine Schatzturm an der Westfassade waren schon 1509 hinzugekommen. Die geschweiften Treppengiebel erhielt das reichsstädtische Rathaus 1563. 1618 wurde die im Stil der Renaissance gestaltete Freitreppe vor der Ostfassade angebaut. Von der Architektur abgesehen, ist diese Rathaustreppe wegen des dort eingesetzten Baumaterials auch geologisch interessant: Dort wurde nicht nur Suevit, sondern auch Riesseekalk und Malmkalk verbaut. Hinter einem Portal unter dieser Treppe lagen Gefängniszellen. Der „Narrenspiegel" erinnert daran, dass man leichtere Vergehen (etwa Trunkenheit) bestrafte, indem man Delinquenten zur Schau stellte: Darum zeigt dieses Steinrelief einen Mann mit Narrenkappe, darunter die Inschrift „NUN SIND UNSER ZWEY".

Das bis 1444 errichtete dreigeschossige Brot- und Tanzhaus (Marktplatz 15) begrenzt die Westseite des Marktplatzes. An seiner Ostfassade ist unterhalb des Fachwerkobergeschosses eine der wenigen erhaltenen Nördlinger Hausfiguren angebracht. Auf der Konsole mit einem Drachenmotiv und unter einem spätgotischen Baldachin steht dort die Figur Maximilians I., seit 1508 Kaiser des

Das Rathaus wurde 1563 mit einem geschweiften Südgiebel verschönert, der Erker entstand 1509.

Heiligen Römischen Reiches Deutscher Nation. Das Standbild des städtefreundlichen Habsburgers ist mit „1513“ datiert, ein Gedenkstein neben seiner Figur trägt die Inschrift „Maximilianus Romanorum Imperator Semper Augustus“. Nördlingen verherrlichte Maximilian I. also als den „Kaiser der Römer“ sowie als einen verlässlichen „Mehrer des Reiches“ – als einen Herrscher also, der die Rechte des Reiches und auch die der deutschen Städte schützte und erweiterte. Eine (neue) Figur am Hauseck stellt Maximilians Vater, Kaiser Friedrich III., dar. In die Regierungszeit Maximilians I. fiel Nördlingens größte Blüte – ebenso wie die der Reichsstädte Donauwörth, Augsburg, Ulm und Nürnberg. Einen reichsstädtischen Adler findet man im Nördlinger Wappen, aber auch an etlichen Fassaden in der Stadt (etwa an der Freitreppe des Rathauses, am Hauptportal des „Klösterle“, am Kirchturm und am Erker des Heilig-Geist-Spitals sowie am Hallgebäude) und an den Stadttoren.

Direkt an das Brot- und Tanzhaus grenzt das Hohe Haus an. Mit seinen sechs Vollgeschossen und den drei Dach-

Allgegenwärtiger Adler – das reichsstädtische Wappentier sieht man am Winter'schen Haus, an den Stadttoren sowie an öffentlichen Bauten wie dem Heilig-Geist-Spital.

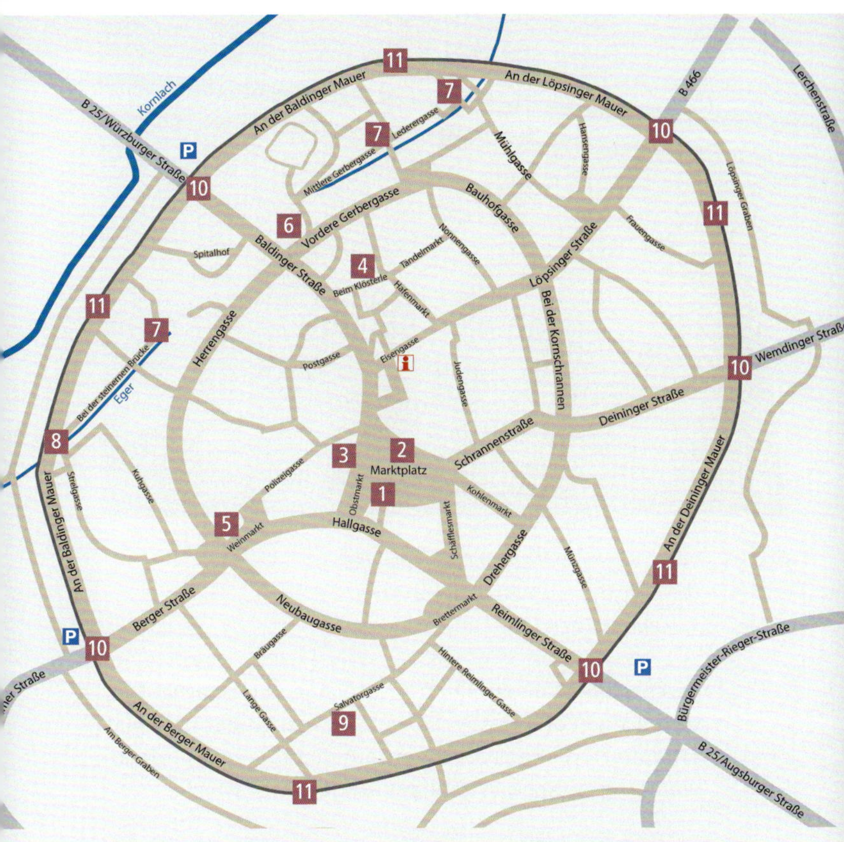

1 St. Georg und Daniel 2 Rathaus 3 Ensemble am Marktplatz 4 Klösterle
5 Weinmarkt 6 Heilig-Geist-Spital/Stadtmuseum 7 Gerberviertel/Egerkanal
8 Großer Wasserturm/Walkmühle 9 St. Salvator 10 Stadttore 11 Stadtmauer

Das Idealbild einer mittelalterlichen Stadt: Nördlingen und seine Sehenswürdigkeiten

Natürlich ist es viel, viel mehr, was in Nördlingen an Sehenswürdigkeiten zu finden ist: Es gibt kaum eine Gasse, durch die sich der Weg nicht lohnt und wo nicht weitere Baudenkmäler und Spuren einer langen Geschichte zu entdecken wären. Nördlingen gilt nicht umsonst als das Idealbild einer mittelalterlichen Stadt. Das bedeutet im Übrigen, dass diese Stadt nicht autogerecht gebaut ist – und das ist auch gut so. Wer kann, sollte also außerhalb des Mauerringes parken. Lange Wege für Fußgänger gibt es hier ohnehin nicht – der längste führt rund 2,7 Kilometer um die gesamte Stadtmauer herum.

Das „Klösterle": Wo Franziskanermönche beteten und nach der Einführung der Reformation Korn gespeichert wurde, entstand 1977 eine Stadthalle.

geschossen ist dieser Bau für Nördlingen einzigartig: Die turmartige Form lässt erkennen, dass auch das um 1400 erbaute Hohe Haus als Lagerhaus diente, ehe es irgendwann um 1600 als Wohnhaus ausgestattet wurde.

Nördlingen ist – nicht nur um den Marktplatz sowie um den angrenzenden Hafenmarkt und Weinmarkt – eine „Schatztruhe" voller Denkmäler. Sie können in diesem Rahmen nicht alle aufgeführt und beschrieben werden. Manche Bauwerke sind jedoch ganz einfach nicht zu übergehen, wie etwa das „Klösterle" (Beim Klösterle 1), das man – nur wenige Schritte vom Rathaus entfernt – durch die Paradiesgasse erreicht. Der mächtige Bau am Tändelmarkt war die Kirche des 1243 erstmals genannten Franziskanerklosters. Als sich die Reformation durchgesetzt hatte, wurde der Sakralbau 1536 an die Reichsstadt übergeben, die ihn bis 1587 zu einem riesigen Kornspeicher umbauen ließ. Damals erhielt der Bau (der 1977 zu einer Stadthalle mit Restaurant umfunktioniert wurde) nicht nur die Speichertüren im neuen Treppengiebel (der den Chor ersetzte), sondern auch sein farbig gefasstes Renaissanceportal an der südlichen Langhaus-

Reliefs am Renaissanceportal des „Klösterle", einer ehemaligen Klosterkirche der Franziskaner.

wand. Am Portal halten zwei Löwen das Nördlinger Stadtwappen. Unter dem Wappen sind je zwei Figuren sowie Halbfiguren zu sehen. Der Umbau der Franziskanerkirche in einen Getreidespeicher sollte das vorletzte nennenswerte öffentliche Bauvorhaben der Reichsstadt bleiben. Später entstand nur noch die Alte Schranne (Bei den Kornschrannen 2, nur ein paar Schritte vom Chor der Georgskirche entfernt). Denn die Nördlinger Blütezeit ging mit den Auswirkungen der Reformation und als Folge des Schmalkaldischen Kriegs zu Ende, und mit dem Dreißigjährigen Krieg ging die wirtschaftliche Stärke dieser Stadt für lange Zeit weitgehend verloren.

Das südlich des Marktplatzes und nahe der Stadtmauer gelegene Kloster der Karmeliter samt der Klosterkirche St. Salvator (Salvatorgasse 15) wurde nach Einführung der Reformation in Nördlingen 1562 an die Reichsstadt übergeben, dann von einer protestantischen Kirchengemeinde genutzt und in den Napoleonischen Kriegen zum Magazin und Militärlazarett umfunktioniert. 1825 wurde der – wie bei den Bettelorden üblich – turmlose Bau zur katholischen Pfarrkirche. Sehenswert ist dort das 1420 mit dem Neubau entstandene Westportal mit

Das Relief im Tympanon der früheren Karmeliter-klosterkirche St. Salvator zeigt das Jüngste Gericht.

seinem spitzbogigen Tympanon. Unter sechs sitzenden Propheten stellt ein Flachrelief das Jüngste Gericht dar: Es zeigt Christus als Weltenrichter, zu dessen Linken sich das Maul der Hölle öffnet. Aufgrund der sehr bewegten Geschichte von St. Salvator ging von der ursprünglichen Ausstattung im Inneren vieles verloren. Werke aus dem Kunsthandel schlossen diese Lücken.

Wohl schon 1420 in diese Kirche übernommen wurde die überlebensgroße gotische Steinfigur des Erbärmde-Christus an der Südwand des Chors. Im Chor hängen zwei Wandbilder übereinander: Beide Gemälde zeigen das „Hostienwunder“, wegen dem 1385 jene Kapelle errichtet worden war, die der Grund für das Entstehen des Klosters und für den Bau von St. Salvator war. Das obere Gemälde schuf der Nördlinger Meister Sebastian Taig 1518 (ursprünglich für einen Altar in St. Salvator). Als Vorbild nutzte Taig das darunter hängende Werk eines unbekannten Malers aus den Jahren um 1460/70: Die ältere Malerei gilt als kulturhistorisch bedeutend, da es viele Aspekte des Alltagslebens dieser Zeit zeigt – etwa einen der Ziehbrunnen, aus denen die Nördlinger ihr Trinkwasser hoben. Am nordöstlichen Chorstrebe-

Die dreifarbigen Rippen des gotischen Gewölbes im Chor von St. Salvator deuten an, dass diese frühere Klosterkirche einst bunt ausgemalt war.

pfeiler findet sich die ebenfalls um 1420 entstandene Steinfigur des kreuztragenden Christus (Replikat). Die erhaltene Originalfigur war die Schenkung einer Familie in Donauwörth. Dieses Werk, die Figur des Erbärmde-Christus, das Hauptportal und die gesamte Architektur von St. Salvator werden der berühmten Baumeisterfamilie Parler und ihrer Bildhauerschule zugeschrieben. Wenzel Parler war von 1400 bis 1407 wohl in Nördlingen tätig. (Der prominenteste Vertreter dieser Familie hieß Peter Parler. Kaiser Karl IV. hatte ihn nach Prag geholt, wo dieser Baumeister den Veitsdom und die Karlsbrücke über die Moldau schuf.)

Anders als heute waren die Wände im Kirchenraum einst farbenfroh bemalt: Fragmente von Fresken an der Südwand des Kirchenschiffes (Motive der Passion) und von Fresken an beiden Wänden des Chorraums wurden aufgedeckt. An die frühere Buntheit des Kircheninneren erinnern die dreifarbigen Rippen des Kreuzgewölbes im Chor. Auch die ebenfalls in kraftvollen Farben bemalten, in Stein gehauenen Reliefs der sieben Gewölbeschlusssteine im Chor haben eine hohe künstlerische Qualität.

Der Blick vom „Daniel" auf die gotischen Giebel und das mit Schleppgauben besetzte Satteldach des Hallgebäudes, heute Sitz des Stadtarchivs.

Der Weg zur Salvatorkirche führt vom Marktplatz aus über den Rübenmarkt, Schäfflesmarkt und Brettermarkt in die Salvatorgasse. Als alternativer, nur wenig längerer Weg bietet sich die Strecke über den Obstmarkt und über den nachfolgenden Weinmarkt an. Dort steht das mächtige Hallgebäude (Weinmarkt 1): Dieser bis 1545 entstandene Monumentalbau spiegelt Nördlingens wirtschaftliche Bedeutung wider, die durch den 1546 beginnenden Schmalkadischen Krieg erstmals geschwächt werden sollte. Dieser dreigeschossige Satteldachbau mit den geschwungenen Giebeln und vier Eckerkern wurde als Kaufhaus und als Speicher für Wein, Getreide sowie Salz errichtet. Den Baubeginn (1542) hält ein Sandsteinrelief mit dem farbigen Nördlinger Stadtwappen fest.

Dem wirtschaftlichen Niedergang folgten wachsender religiöser Fanatismus und grassierender Aberglaube. So erinnern gleich zwei Häuser am Weinmarkt an Opfer der berüchtigten Nördlinger Hexenprozesse. Das Anwesen Weinmarkt 3 gehörte der Bäckerswitwe Anna Faul, die 1593 als Hexe hingerichtet wurde. Im einstigen Gasthof Krone (Weinmarkt 8) lebte Maria Holl, die während

Das Denkmal für Maria Holl auf dem Weinmarkt erinnert an die Zeit der Nördlinger Hexenprozesse.

Die Nördlinger Hexenprozesse – und das Denkmal für Maria Holl auf dem Weinmarkt

Lag es am wirtschaftlichen Niedergang? Am Glaubensstreit? An den wegen der Kleinen Eiszeit schlechten Ernten? Die Zeit nach 1550 war jedenfalls eine Ära des Hexenwahns: Zwischen 1589 und 1598 wurden in Nördlingen 34 Frauen und ein Mann auf dem Scheiterhaufen verbrannt. Die Akten im Stadtarchiv seien das „Herzerschütterndste", was sich denken ließe, schrieb ein Nördlinger Historiker. Grausige Qualen der „Befragungen", Martern mit Dornenstock, Spanischem Stiefel und Streckbank sowie das Aufziehen am Strang pressten den Gefolterten die absurdesten „Geständnisse" und immer wieder neue Namen von „Hexen" ab. Das Martyrium der Maria Holl dauerte vom 4. November 1593 bis zum 29. August 1594. 18-mal wurde sie verhört, 62-mal gefoltert: Zweimal legte man ihr die Daumenschrauben an, 15-mal wurde sie gestreckt, 19-mal aufgezogen, 26-mal mit dem Stiefel gequält. Die Kronenwirtin legte weder ein Geständnis ab, noch gab sie Namen von „Hexen" an. Zwar wurden in Nördlingen noch 1598 zwei Frauen verbrannt, doch endete der Wahn früher als anderswo. Ein Verdienst der 1634 gestorbenen Hollin? Ein Denkmal auf dem Weinmarkt ehrt sie.

dieser Prozesswelle 62 „peinliche Befragungen" durchstand, ohne zu gestehen. Der Kronenwirtin ist das 1966 auf dem Weinmarkt vor ihrem Haus aufgestellte Denkmal – ein Brunnen mit einem Pfahl aus Eichenholz, an dem Schnitzereien Flammen symbolisieren – gewidmet. Die unbeugsame Hollin – offenbar eine Frau mit eiserner Konstitution – hat ihre Peiniger überlebt: Sie starb 1634 im damals als biblisch empfundenen Alter von 85 Jahren.

Auf ein essentielles Kapitel der Nördlinger Wirtschaftsgeschichte stößt man nördlich des Marktplatzes im Gerberviertel beziehungsweise an den Kanälen der Eger zwischen dem Oberen und dem Unteren Wasserturm. Ohne die Nutzung der Wasserkraft und ohne ständige Zufuhr von Brauchwasser wäre das Nördlinger Handwerk – Gerber, Müller und andere – nicht existenzfähig gewesen. Beides lieferte das Mühlenflüsschen Eger, das durch den Oberen Wasserturm in den Stadtmauerring eintritt und ihn durch den Unteren Wasserturm – am Ende des Gerberviertels – wieder verlässt. Diese beiden sogenannten „Wassertürme" hatten die Funktion, jene Schwachstellen in der Stadtbefestigung zu sichern.

Beim Oberen Wasserturm fließt die kleine Eger durch die Stadtmauer. Die angrenzende barocke Walkmühle nutzte die Wasserkraft des Flüsschens.

Beim Unteren Wasserturm verließ die Eger die Stadt. Das Wasserrad der Neumühle ist erhalten.

Beim Unteren Wasserturm verläuft die Gasse „Bei der Neumühle“: Ein unterschlächtiges hölzernes Wasserrad der namensgebenden Mühle am Egerkanal ist erhalten. Die Handwerkerhäuser im Gerberviertel mit ihren vorkragenden Obergeschossen und hohen Fachwerkgiebeln empfinden Touristen als pittoresk. Vor allem aber zeugen diese zumeist längst liebevoll sanierten Gebäude um die Vordere, Mittlere und Hintere Gerbergasse, die Lederergasse und Mühlgasse von nicht eben armen Bauherren.

Dass die Wasserkraft der Eger die Besitzer einer der drei Mühlen in der Stadt reich machen konnte, belegt die herrschaftliche Fassade der ehemaligen Walkmühle (Kämpelgasse 1) beim Oberen Wasserturm. Die barocke Fassade mit ihren Schneckengiebeln, vor deren Portal ein Mühlstein steht, entstand im 18. Jahrhundert. Diese Mühle wurde aber 1390 erstmals genannt: Dort wurden Rohstoffe zur Herstellung von Kleidung – Loden und Leder – gewalkt. Die Namen der Kämpelgasse und der angrenzenden Strelgasse verraten, dass hier Wolle gekämmt wurde. (Der Kamm hieß Strel.) Die Handwerksbetriebe beiderseits des Egerkanals, insbesondere die Gerbereien, waren für die Wirtschaftskraft der Stadt ein

Um 1570 wurde dieses einstige Gerberhaus am Egerkanal erbaut. Das Anwesen (Mittlere Gerbergasse 2) wurde bis 1982 beispielhaft saniert. Im Gerberviertel folgten viele weitere Sanierungen.

wesentlicher Faktor. Neben den Lohgerbern waren die Weber, die Lodenweber und Feintuchmacher wichtige Gewerbe. 152 Gerbermeister in den vier Gerbergassen waren es vor dem Dreißigjährigen Krieg, nach Kriegsende wurden 38 gezählt. 381 Lodwebermeister waren es im Jahr 1600, nur noch 147 im Jahr 1700.

Das dritte Nördlinger Mühlrad drehte sich an der Spitalmühle. Diese gehörte dem Heilig-Geist-Spital (Baldinger Straße 28, Ecke Vordere Gerbergasse). Die angrenzende, 1233 erstmals erwähnte Spitalkirche ist die kleinste, aber auch die älteste Nördlinger Kirche. In ihrem Inneren hat man Wandfresken (zweite Hälfte des 14. Jahrhunderts) aufgedeckt. Im nördlichen Anbau des Spitals befindet sich der Eingang zum Stadtmuseum Nördlingen (Vordere Gerbergasse 1): Die 1518 erbaute Gewölbehalle direkt nach diesem Eingang gilt wegen der dort ausgestellten Bildtafeln gotischer Nördlinger Maler als die „Schatzkammer der Stadt“. An der Hinteren Gerbergasse, gleich neben dem Stadtmuseum, liegt das RiesKraterMuseum Nördlingen (Eugene-Shoemaker-Platz 1).

Das Stadtmuseum Nördlingen thematisiert mit vielen Exponaten die Schlacht bei Nördlingen.

Wende- und Tiefpunkt der Stadtgeschichte: die Folgen der Schlacht bei Nördlingen

Am Rand des Gerberviertels beherbergt ein früheres Spitalgebäude das Stadtmuseum (Vordere Gerbergasse 1): Es setzt sich mit Exponaten (von Waffen, Munition und Rüstungen bis zu einem Schlachtendiorama mit 6000 Zinnfiguren) mit der Schlacht bei Nördlingen auseinander. Noch 1632 hatte die protestantische Stadt die Truppen König Gustavs II. Adolf von Schweden als Befreier bejubelt. Am 18. August 1634 begann ein starkes kaiserliches Heer die Reichsstadt einzuschließen, hinter deren Mauer viele Menschen aus den Dörfern geflohen waren: „Sie lagen in Gassen und Winkeln, jammerten und bettelten, starben zu Dutzenden täglich an Entkräftung und dem Aas und Unrat, das sie vor Hunger verschlangen […].“ Am 6. September kam es auf dem Albuch zur Schlacht, in der die Schweden venichtend geschlagen wurden. Tags darauf ergab sich die schwache schwedische Besatzung der Stadt. Der Krieg hatte Nördlingen für drei Jahrhunderte ruiniert. Erst um 1939 erreichte die Stadt wieder die Bevölkerungszahl der Zeit um 1618. Eine Kanonenkugel in der südlichen Mauer des Berger Tors erinnert an die Beschießung durch kaiserliche Artillerie.

Die Nördlinger Stadtmauer ist deutschlandweit die einzige, deren begehbarer und überdachter Wehrgang noch weitestgehend erhalten ist.

Beide Museen liegen wenige Schritte vom Baldinger Tor und von der Baldinger Mauer entfernt. Letztere sind Teil einer deutschlandweit einmaligen Stadtbefestigung, die sich beinahe kreisrund um das alte Nördlingen zieht und mit Ausnahme von wenigen Metern durchgängig zu begehen ist. Es ist bereits die zweite Nördlinger Stadtmauer: Der erste – in der Zeit der Staufer (und wie der heute erhaltene) mit fünf Toren errichtete – Mauerring lässt sich noch am ovalen Straßenzug um die innere Altstadt ausmachen. Die heutige Stadtmauer geht auf ein Privileg zurück, das Ludwig „der Bayer" 1237 – im Jahr vor seiner Krönung zum Kaiser – erteilt hatte. Um 1400 war der neue Mauerring geschlossen. Noch bis in das 17. Jahrhundert wurde die Stadtmauer ausgebaut, teils bis ins 18. Jahrhundert ausgebessert und verändert.

Grundsätzlich gibt es drei Wege, die mehr als zweieinhalb Kilometer lange Stadtmauer mit ihren fünf Stadttoren, zwölf Mauertürmen und einer erhaltenen Bastei zu erkunden. Erstens auf der begehbaren Stadtmauer und dort über weite Strecken durch den überdachten Wehrgang – mit reizvollen Ausblicken auf den „Daniel"

Das RiesKraterMuseum erklärt die Entstehung des Rieses durch einen Meteoriteneinschlag. Das Prunkstück des Museums ist ein Stein vom Mond.

Im RiesKraterMuseum Nördlingen sehen die Besucher einen Stein vom Mond

Hier ist ein Stein der Star, der so edel wie ein hochkarätiger Brillant präsentiert wird – ein Stein vom Mond. Er gehört zu jenen rund 95 Kilogramm Mondgestein, die am 27. April 1972 am Ende der Apollo-16-Mission auf der Erde landeten. Auch ein zweiter Gesteinsbrocken im RiesKraterMuseum sorgte für Schlagzeilen: Der Neuschwanstein-Meteorit fiel 2002 vom Himmel. Im Kern widmet sich dieses naturwissenschaftliche Museum in einer 1503 erbauten Schranne am Westrand des Gerberviertels der Entstehung und Bedeutung von Einschlagskratern – vor allem der des Nördlinger Rieses. Die Dauerausstellung befasst sich in sechs Räumen mit dem Riesereignis und den ökologischen wie ökonomischen Folgen des Impaktes.

· RiesKraterMuseum Nördlingen, Eugene-Shoemaker-Platz 1, 86720 Nördlingen, Auskünfte per Telefon 0 90 81/8 47 10 (www.rieskrater-museum.de)
· www.geopark-ries.de → Rieskratermuseum
· www.ferienland-donau-ries.de → Rieskratermuseum

und die Dächer der Altstadt. Zweitens außen um die Stadtmauer herum: Das ist mit Ausnahme zweier kurzer Abschnitte ein Spaziergang entlang des einst nassen, heute grünen Stadtgrabens und mit Blick auf die Tore und Türme, die in verschiedensten Bauweisen und mit den unterschiedlichsten Dachformen errichtet wurden. Drittens innen und immer an der Stadtmauer entlang: Die dortigen Gassen sind seit dem 16. Jahrhundert nach den Stadttoren benannt: „An der Baldinger Mauer", „An der Löpsinger Mauer", „An der Deininger Mauer", „An der Reimlinger Mauer" und „An der Berger Mauer". Bei diesem Weg läuft man an sogenannten Kasarmen vorbei: In den an die Stadtmauer angebauten Häuschen lebten Stadtsoldaten. Vier Stadttore – das Löpsinger Tor, das Baldinger Tor, das Deininger Tor und das Reimlinger Tor – wurden nach dem jeweils nächsten Dorf an der Straße benannt. Nur das Berger Tor ist eine Ausnahme: Es wurde nach dem Emmeramsberg benannt, auf dem die 1634 zerstörte älteste Pfarrkirche Nördlingens stand.

Weil die Stadtmauer, die Stadttore und die Mauertürme im Lauf von Jahrhunderten ausgebaut und umgestaltet

Architektur ohne Standardisierung: Nördlingens Stadttore und Stadtmauertürme entstanden in den unterschiedlichsten Zeiten und Bauformen.

Der Blick auf die Stadtmauer und das Löpsinger Tor – eines von fünf Nördlinger Stadttoren.

Eine runde Sache – die fast vollständig erhaltene Stadtmauer in Nördlingen

Die sehr weitgehend erhaltene Stadtmauer mit fünf Stadttoren, zwölf Mauertürmen sowie dem rundum begehbaren Wehrgang zählt zu den Nördlinger Hauptsehenswürdigkeiten. Annähernd kreisförmig zieht sich die zwischen 1327 und dem 17. Jahrhundert ausgebaute Stadtbefestigung um das optische Zentrum der ehemaligen Reichsstadt im Ries – den „Daniel", den rund 90 Meter hohen Turm der evangelischen Pfarrkirche St. Georg. Weithin sichtbar sind aber auch das Löpsinger Tor, das Reimlinger, Deininger und Berger Tor. Nur der Turm des Baldinger Tors wurde abgebrochen. In der Tordurchfahrt des Löpsinger Tors lohnt sich ein Blick nach oben: Dort erinnert das Relief eines Kopfes an die Stadtsage des „So G'sell so". In diesem Turm befindet sich das Stadtmauermuseum. Die Alte Bastei im südlichen Mauerring ist die Spielstätte der Freilichtbühne Nördlingen. An die Stadtmauer sind innen Kasarmen – Häuschen für Stadtsoldaten – angebaut: Eines kann man sogar als Ferienwohnung buchen. An und sogar auf der Stadtmauer bewirtet Freiluftgastronomie. Die Begehung des Wehrganges ist jederzeit möglich: Sie dauert circa 40 bis 60 Minuten.

wurden, hat jedes Tor, jeder Turm und jeder Mauerabschnitt besondere Eigenheiten. Das Reimlinger Tor ist wohl das älteste der fünf Stadttore. 1362 wurde es erstmals genannt, wobei seine heutige Form aus dem 16. Jahrhundert stammt. In der südlichen Außenmauer des Berger Tors steckt eine Kanonenkugel und erinnert dadurch an die Belagerung Nördlingens im Jahr 1634. Dass das Baldinger Tor heute das einzige Stadttor ohne Torturm ist, ist ebenfalls der Beschießung Nördlingens während des Dreißigjährigen Kriegs geschuldet: Denn weil der Turm danach vermutlich nachlässig repariert worden war, stürzte er 1703 ein und begrub dabei fünf Menschen unter sich.

Überhaupt hätte wohl auch Nördlingen, wie so viele Städte Bayerns in der Zeit nach 1860, seine Stadtmauer abgebrochen – ein Vorhaben, mit dem in Teilen schon 1803 begonnen worden war. Dann verfügte der mittelalterbegeisterte König Ludwig I. von Bayern 1826 den Erhalt der Stadtmauer: Das wohl auch deshalb, weil sie auf das Privileg seines Vorfahren Ludwigs „des Bayern“ zurückging. So wurde die Stadtmauer zu einem national

Im Gewölbe der Durchfahrt des Löpsinger Tors: das Relief eines Wächterkopfes mit der Inschrift „Wer ist da“ und der Jahreszahl 1595.

Geotop – und Galgenberg: Der Hexenfelsen hoch über Nördlingen diente als Richtstätte.

Der Hexenfelsen auf dem Galgenberg über Nördlingen – auf dem inneren Kraterring

Historisch betrachtet ist der Hexenfelsen auf dem Nördlinger Galgenberg, ein frei stehender Klotz aus dolomitischem Kalkstein, ein schauriger Ort. Auf der einst kahlen (erst nach 1842 so benannten) Marienhöhe stand bis 1814 ein für sechs Verurteilte eingerichteter Galgen. 1384 verscharrten die Nördlinger auf dem Galgenberg die Opfer eines Judenpogroms, von 1590 bis 1598 loderten dort die Scheiterhaufen der Hexenprozesse. Die nun von hohen Bäumen bestandene Anhöhe gehört zum inneren Kraterring des Rieses. Dieser primäre Kraterring besaß kurz nach seiner Entstehung einen Durchmesser von rund zwölf Kilometern bei einer Tiefe von viereinhalb Kilometern. Der kantige Hexenfelsen am Galgenberg ist ein Erosionsrest dolomitischer Süßwasserkalke. Riesseekalke überkrusteten hier Gestein des vom Impakt emporgehobenen kristallinen Grundgebirges – Granit, Gneis und Amphibolit.

· Nördlingen, im Naherholungsgebiet auf der Marienhöhe
· www.geopark-ries.de → Galgenberg
· www.geopark-ries.de → Riesseekalke Galgenberg

bedeutenden Denkmal. Im Löpsinger Tor entstand ein Stadtmauermuseum. Um das im 14. Jahrhundert errichtete, 1593/94 neu und später umgebaute Stadttor dreht sich die Sage vom Überfall Graf Johanns von Oettingen: Er habe Torwächter bestochen, nächtens ein Stadttor zu öffnen. Ein Schwein, das sich an einem der Torflügel rieb, machte eine Nördlingerin auf die Gefahr aufmerksam: Sie rief „So G'sell so". Dann warnte sie ihre Stadt – der Anschlag war vereitelt. An diese Legende erinnert eine steinerne Inschriftentafel über dem Gehweg neben dem Löpsinger Tor, und im Grün vor diesem Stadttor steht in Anspielung auf die Stadtsage ein Schwein aus Stein. Der Blick in das Gewölbe unter der Tordurchfahrt lohnt sich: Seit 1595 erinnert ein Kopfrelief (mit der Inschrift „Wer ist da") an den angeblichen Überfall im Jahr 1440.

Auch vor der Stadtmauer finden sich in Stadtvierteln und in den von 1972 bis 1978 eingemeindeten Stadtteilen weitere Sehenswürdigkeiten. An Nördlingens jüdische Bewohner erinnert zum Beispiel nicht nur die Judengasse im Stadtzentrum, sondern auch der 1877 westlich der Stadt vor dem Baldinger Tor angelegte Friedhof der jüdischen Gemeinde (Nähermemminger Weg). In dieser

Diese kleine Lok nahe dem Nördlinger Bahnhof wirbt für das angrenzende Eisenbahnmuseum.

Auf der Nördlinger Marienhöhe entdeckt man beim Restaurant „Meyers Keller" ein Geotop – einen der seltenen Kristallinbreccien-Aufschlüsse.

Der Kristallinbreccien-Aufschluss bei „Meyers Keller": Gastronomie mit Geotop

Wer sein Auto vor dem Restaurant „Meyers Keller" abstellt, tut das meist wegen der dortigen Sterne-Küche, der einzigen im Ries. Bei diesen Parkplätzen weist kaum übersehbar eine Informationstafel des Geoparks Ries darauf hin, dass sich an diesem Steilhang der Nördlinger Marienhöhe ein Kristallinbreccien-Aufschluss befindet. Dieses Geotop wirkt auf den ersten Blick unspektakulär – und ist doch etwas besonderes. Denn während der äußere Rieskrater von Weitem zu sehen ist, wurde der innere Krater mit seinen zwölfeinhalb Kilometern Durchmesser zumeist von der Kraterfüllung überdeckt: Deshalb ist er nur noch an einigen wenigen Stellen auszumachen. Das Gestein des inneren (kristallinen) Ringes des Rieskraters – Breccie aus verschiedenen Gesteinen des Grundgebirges – tritt bei „Meyers Keller" offen zutage.

· Nördlingen, Marienhöhe 8, Parkplatz bei „Meyers Keller"
· www.geopark-ries.de → Meyer Keller
· www.lfu.bayern.de → Meyers Keller

Das ehemalige Deutschherrenschloss in Reimlingen wurde ab 1595 errichtet. Die beiden Rundtürme stammen noch aus dieser Epoche.

Anlage sind 220 Grabsteine erhalten. Etliche jüdische Familien waren aus Landgemeinden im Ries in die Stadt gezogen, als das Industriezeitalter Nördlingen 1849 den für Kaufleute wichtigen Anschluss an die Ludwig-Süd-Nord-Bahn brachte. Der Nördlinger Bahnhof liegt östlich der Stadtmauer vor dem Reimlinger Tor und dem Deininger Tor. Beim Bahnhof findet man in einem aufgelassenen Bahnbetriebswerk das Bayerische Eisenbahnmuseum: Es stellt nicht nur Bahntechnik aus, sondern führt mit seinen Dampfloks auch Fahrten durch.

Südlich der Stadtmauer lohnt sich der Weg auf die Marienhöhe: Diesen Namen erhielt der einstige Nördlinger Galgenberg, als die preußische Prinzessin Marie 1842 Kronprinz Maximilian von Bayern heiratete und deshalb auf der (bis um 1830 noch kahlen) Anhöhe 101 Eichen gesetzt wurden. In der heutigen Parklandschaft findet man den Hexenfelsen (das Geotop diente früher als Richtstätte) sowie das Freibad auf der Marienhöhe.

In der Nördlinger Nachbargemeinde **Reimlingen** steht das ehemalige Deutschherrenschloss hoch über dem Ort.

Die Mariahilfkapelle in Reimlingen mit ihrem barock geschwungenen Giebel entstand 1730.

Es entstand ab 1595 – aus der Renaissancezeit stammen noch das Erdgeschoss, die beiden Flankentürme sowie der südseitige Treppenturm des 1733/36 aufgestockten Schlosses. Ein Deutschordensbaumeister hatte wenige Jahre zuvor die benachbarte Pfarrkirche St. Georg über einer romanischen Vorgängerkirche aus dem 12. Jahrhundert errichtet. An der südlichen Langhauswand zeigt ein steinernes Medaillon aus der Zeit um 1400 das Relief des Namenspatrons. Ein barockes Baujuwel findet man am westlichen Ortsrand: An der Kapellenstraße steht die Mariahilfkapelle. Rund zwei Kilometer weiter nordwestlich liegt der Adlersberg: Dieses Geotop ist ein Aussichtspunkt mit Blick auf **Herkheim**. Die markante Haube der Kirche St. Anna wurde dort einem Chorturm aus der Zeit um 1420 aufgesetzt. Am südlichen Ortsrand dieses Nördlinger Stadtteils entdeckt man ein sehr gut erhaltenes Suevitsteinkreuz aus dem 17. Jahrhundert.

Vom Reimlinger Schloss nur sechs Kilometer weiter östlich entfernt (nördlich der B 25 in Richtung **Möttingen**) liegt das Dorf **Enkingen**. In diesem Möttinger Ortsteil überraschen gotische Wandmalereien einer Ende des 14. Jahrhunderts erbauten Chorturmkirche, heute der

Gotische Fresken findet man in der ehemaligen Chorturmkirche in Enkingen – im heutigen Chor der evangelischen Pfarrkirche St. Jodok.

Chor der evangelischen Pfarrkirche St. Jodok. Die vor 1450 entstandenen, früher sehr farbigen, heute jedoch abgeblassten Malereien stellen figurenreich Szenen der Passion Christi sowie des Jüngsten Gerichts dar.

Ein Schloss entdeckt man im knapp vier Kilometer von Enkingen entfernten Dorf **Lierheim**. Es war 1740 an den Deutschorden verkauft worden: Unter den Vorbesitzern des 1140 erstmals genannten Schlosses waren (vor 1427) die Grafen von Oettingen, bald nach 1500 die Herren von Hürnheim-Hochaltingen sowie ab 1541 auch die nahe Reichsstadt Nördlingen gewesen. Von dem heute privat bewohnten Schloss sieht man nur die Ringmauer mit ihren runden Wach- und Schalentürmchen. Am östlichen Haupttor des Schlosses prangt das Wappen der Edlen von Lierheim. (Eine Informationstafel auf der gegenüberliegenden Straßenseite erklärt die Geschichte des darauf abgebildeten Schlosses.)

Die große Sehenswürdigkeit von Lierheim liegt jedoch außerhalb des östlichen Ortsrandes an einem Sträßchen über dem Tal der Eger. Dort findet man die Hexenküche,

Der idyllisch gelegene Adlersberg entstand aus einem Riff des Riessees am inneren Kraterrand.

Ein Geotop mit Gipfelkreuz und weiter Aussicht – der Adlersberg bei Reimlingen

Auch der Adlersberg entstand aus einem Riff des Riessees am inneren Kraterrand. Diese frei stehende Felskuppe liegt in der Gemarkung der Gemeinde Reimlingen, direkt an der Grenze zum Nördlinger Stadtteil Herkheim. Die Nutzung als Steinbruch hat den Adlersberg verformt und prähistorische Siedlungsspuren weitestgehend zerstört. Die Natur hat diese ehemaligen Abbauflächen zurückerobert: Auf artenreichem Magerrasen gedeihen beispielsweise der Frühlingsenzian und die Kartäusernelke. Am Gipfelkreuz des Adlersberges genießt man die weite Aussicht: Nach Westen hin schweift der freie Blick über den markanten Turm der Pfarrkirche St. Anna in Herkheim und weiter nördlich über den Nördlinger Stadtteil Kleinerdlingen. Nach ein paar Schritten durch ein Wäldchen an der Nord- und Ostseite schaut man auf Nördlingen.

· Reimlingen, im Dreieck zwischen der Staatsstraße 2212 und der Ortsverbindung zwischen Reimlingen und Herkheim
· www.geopark-ries.de → Adlersberg Reimlingen
· www.ferienland-donau-ries.de → Adlersberg Reimlingen

Das wappenverzierte Haupttor und Wehrtüme des privat bewohnten Schlosses in Lierheim.

eines der schönsten Geotope im Ries. Weshalb Hexen dieser leicht begehbaren Karsthöhle im Kaufertsberg den Namen gaben, ist heute nicht mehr bekannt. Von Lierheim könnte man (auf der DON 10) über **Alerheim**

Zweimal der Blick zum Himmel – in der Hexenküche, der Höhle im Lierheimer Kaufertsberg.

Die Höhle im Kaufertsberg bei Lierheim – die Hexenküche – ist ein begehbares Karstloch an einem steilen Felsanschnitt über dem Tal der Eger.

Eine Steinzeithöhle über der Eger nahe Lierheim: die Hexenküche im Kaufertsberg

Nicht einmal 20 Höhenmeter liegt der Kaufertsberg bei Lierheim über der nahen Eger. Sein felsiger Südhang fällt trotzdem ziemlich steil zu den Wiesen in der Talaue des Flüsschens hin ab, denn diese aufgrund des Riesereignisses verkippte Malmscholle in der Mitte zwischen dem inneren und dem äußeren Kraterring südöstlich des Rieskraterzentrums liegt am einstigen Prallhang der Eger. Dort, am südseitigen Fuß des Kaufertsberges, findet man den Eingang zu einer kurzen, nach oben hin zweifach offenen vertikalen Höhle, der Hexenküche. Die Karsthöhle wurde schon in der Altsteinzeit von Menschen aufgesucht: Dies belegt die hier entdeckte Kopfbestattung eines Mannes. Im Dreißigjährigen Krieg soll sich eine Familie vor plündernden Marodeuren in der Höhle versteckt haben.

· Möttingen, Ortsteil Lierheim, kurz nach dem östlichen Ortsrand unterhalb der Landstraße in Richtung Heroldingen
· www.geopark-ries.de → Hexenküche Kaufertsberg
· www.ferienland-donau-ries.de → Hexenküche Kaufertsberg

(und weiter auf der Staatsstraße 2213) über **Deiningen** zurück nach Nördlingen fahren. Bei der Wahl dieser Strecke käme man am zweiten der beiden blutgetränkten Schlachtfelder des Dreißigjährigen Kriegs vorbei, die das Ries europaweit in die Geschichtsbücher brachten.

In der Riesebene um den Schlossberg und um den nahen Wennenberg tobte am 3. August 1645 die Schlacht bei Alerheim: Mit diesem Gefecht kehrte der Dreißigjährige Krieg nach wenigen Jahren des Friedens ins Ries zurück. Der Kanonendonner dieser Schlacht war sogar noch in Augsburg zu hören. Bei Alerheim und **Grosselfingen** stießen 30 000 Mann eines kaiserlich-bayerischen Heers sowie französisch-hessische Truppen aufeinander: Bei diesem Gemetzel starben 8000 Soldaten. Die Franzosen siegten, sie nahmen danach auch die nahe Reichsstadt Nördlingen ein. Auch vom Alerheimer Schlossberg aus schossen Kanonen. Die dortige Hauptburg hatten die Kaiserlichen schon 1634, in der Schlacht bei Nördlingen, niedergebrannt. Von der damaligen Burg sind die Ringmauer und Schalentürme des 15. Jahrhunderts sowie der Torbau aus dem 16. Jahrhundert erhalten. Weitere Bauwerke sind großteils Rekonstruktionen. Die privat be-

Das Alerheimer Schloss wird privat bewohnt. Von außen kann es aber jederzeit besichtigt werden.

Vor den Mauern des Schlosses in Alerheim fand im August 1645 eine der blutigsten Schlachten des Dreißigjährigen Kriegs statt.

Im Dreißigjährigen Krieg – das Ries als Schlachtfeld der europäischen Mächte

Der Dreißigjährige Krieg hat das Ries wie kaum eine zweite Region Deutschlands verwüstet und entvölkert. Durch blutige Schlachten bei Nördlingen und Alerheim ging das Ries gleich zweimal in die Geschichtsbücher ein. An die tausenden Toten dieser Kämpfe erinnern heute die Denkmalspyramide auf dem Albuch über Schmähingen sowie das Schloss und eine kleine Gedenkstätte auf dem Schlachtfeld bei Alerheim. Nicht nur die Gefechte der Militärs forderten viele Opfer. Auch in der von katholischen Truppen ausgehungerten protestantischen Reichsstadt Nördlingen starben die Menschen wie die Fliegen: Erst 1939 sollte Nördlingen wieder die Bevölkerungszahl aus der Zeit um 1618 erreichen. Die Sage um die Hanseles Hohl bei Fronhofen erinnert daran, dass ganze Riesdörfer ausgelöscht wurden. Die Burgruine Flochberg und Schloss Alerheim sind Denkmäler des Großen Sterbens, das 1618 als Glaubenskrieg begann und am Ende nur noch der europäischen Machtpolitik diente. Noch kurz vor Kriegsende wurde 1648 die riesige Burg auf dem Wallersteiner Felsen von den Schweden gesprengt.

wohnte Schlossruine kann von außen besichtigt werden. Eine Informationstafel beim Torbau beschreibt die Geschichte des Schlossberges und der Schlacht bei Alerheim.

An die Toten von 1645 erinnern zwei kleine Denkmäler: Im Dorf, das einen Kilometer nördlich des Schlossberges liegt, steht wenige Schritte nördlich der evangelischen Pfarrkirche St. Stephan (der Unterbau des Turmes ist ein Relikt der Chorturmkirche des frühen 15. Jahrhunderts) seit 1970 eine moderne Denkmalstele für Feldmarschall Freiherr von Mercy: Er wurde in Alerheim vom Pferd geschossen. Und ein kleines Ossarium an der Böschung eines Feldsträßchens in Richtung Grosselfingen zeigt die Gebeine namenloser Gefallener: Nahe dieser Stelle hat man 2008 beim Verlegen einer Pipeline ein Massengrab für 40 französische Infanteristen entdeckt. Unter den überwiegend sehr jungen Soldaten fand sich sogar das Skelett eines erst Zwölfjährigen. Dass so viele sterbliche Überreste auf engstem Raum verscharrt wurden, lag daran, dass Graf Joachim von Oettingen-Oettingen die Bergung und Bestattung der Gefallenen erst zwei Monate nach der Schlacht anordnen konnte. Es waren gefährliche Zeiten: Zwei Steinkreuze an einem Feldweg

Der Blick von Rudelstetten über die Wörnitz auf die Terrassen auf dem Wennenberg bei Alerheim.

Am Rand eines Feldsträßchens zwischen Alerheim und Grosselfingen markiert eine Gedenkstätte ein Massengrab im Jahr 1645 gefallener Franzosen.

zwischen dem Alerheimer Schlossberg und dem gut zwei Kilometer südlich gelegenen Dorf **Appetshofen** erinnern daran, dass der Schlossherr dort im Jahr 1639 gefangengenommene Marodeure hatte erschießen lassen.

Das Oberamt Alerheim hatte damals für die Verwaltung des Territoriums der Grafen von Oettingen schon längere Zeit erhebliche Bedeutung. In Alerheim wurden rund 20 Rieser Dörfer verwaltet. Auch der gebürtige Alerheimer Johann Wilhelm Klein arbeitete erst als Sekretär für das Oberamt in Alerheim, ehe er 1793 nach Wien ging. Dort gründete Klein 1804 „die erste Bildungsanstalt für Blinde im deutschsprachigen Raum“ – so die Gedenktafel, die 1984 an seinem Geburtshaus beim Schloss angebracht wurde. An den „Blindenvater Klein“ erinnert seit 1988 außerdem die von dem Rieser Bildhauer Fritz Steinacker gestaltete Denkmalstele an der Alerheimer Hauptstraße.

Der Weg von Alerheim nach Nördlingen führt entweder über das gut vier Kilometer entfernte Grosselfingen oder über das etwas nähere Deiningen. Die kleine Eger fließt durch beide Dörfer der nahen Wörnitz zu, doch mit der

Die steinerne Brücke in Deiningen überspannt mit sechs Bogen aus Suevitquadern die kleine Eger.

alten Egerbrücke im Dorf Deiningen stößt man auf ein bemerkenswertes Denkmal des Brückenbaus im Ries. Die sechs Bogen der steinernen Brücke wurden im Wesent-

Einstige Chorturmanlagen zwischen Nördlingen und der Wörnitz – die Kirchtürme in Deiningen, Grosselfingen, Alerheim und Wörnitzostheim.

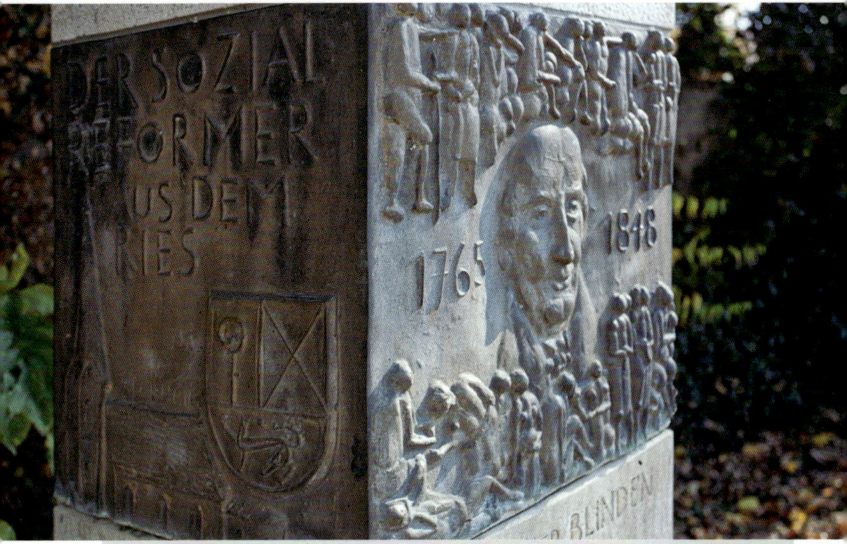

Mitten in Alerheim erinnert eine Gedenkstele an Johann Wilhelm Klein, den 1765 in diesem Dorf geborenen Pionier der Blindenbildung.

Eine weitgehend unbekannte Berühmtheit aus Alerheim – der „Blindenvater Klein"

Als „Blindenvater Klein" ist der am 11. April 1765 in Alerheim geborene Johann Wilhelm Klein bekannt geworden. Bis 1793 arbeitete er als Sekretär des Oberamtes Alerheim, ehe er nach Wien auswanderte. Dort wurde der Rieser im Jahr 1803 zum kaiserlichen und königlichen Armenbezirksdirektor und Mitglied der Hofkommission in Wohltätigkeitsangelegenheiten ernannt. In Wien gründete Klein 1804 die erste Bildungsanstalt für Blinde im deutschsprachigen Raum. 1988 wurde an der Alerheimer Hauptstraße das Denkmal des Bildhauers Ernst Steinacker für den am 12. Mai 1848 in Wien verstorbenen „Begründer der Blindenbildung und Blindenfürsorge" aufgestellt. Den Blindenlehrer und Sozialreformer aus dem Ries ehrt außerdem eine 1984 an seinem Geburtshaus beim Schloss angebrachte Gedenktafel, „dem ‚Vater der Blinden'" vom Bundes-Blindenerziehungsinstitut in Wien „in Verehrung gewidmet". Seit 1984 heißt die Schule in Alerheim „Johann-Wilhelm-Klein-Volksschule": Eine Büste im Eingangsbereich erinnert an Klein. Auch eine Straße wurde nach ihm benannt.

lichen in der Zeit von 1740 bis 1745 erbaut. Die Konstruktion aus Suevitquadern gründet auf Fundamenten einer 1304 erwähnten mittelalterlichen Brücke. Heute liegt diese noch bis 1957 von Autos befahrene Brücke direkt neben einer neuen Straße. Eine Informationstafel beschreibt die Egerbrücke und ihre lange Geschichte.

Die steinerne Egerbrücke verrät wie die katholische Pfarrkirche St. Martin die frühe Bedeutung Deiningens, das in einer Urkunde des fränkischen Königs Pippin II. bereits 760 erwähnt wurde. Eine nach 1320 errichtete Chorturmkirche ist das Untergeschoss des 1702 erhöhten Turmes. Langhaus und Chor der Deininger Martinskirche wurden im 14. Jahrhundert erbaut. Zu Untergeschossen der Türme wurden auch die Chorturmkirchen im Nördlinger Stadtteil Grosselfingen (St. Peter und Paul, errichtet vor dem Jahr 1450) sowie im Alerheimer Ortsteil **Wörnitzostheim** (St. Maria und Anna, erbaut um 1200).

Weitere Geotope im Geopark Ries

- **Alerheim** Der Wennenberg gehört zum kristallinen inneren Wall des Rieskraters, der hier von Rieseesedimenten überlagert wurde. Unter den Gesteinen des ehemaligen Steinbruchs findet sich als Besonderheit der „Wennenbergit" (www.geopark-ries.de→ Wennenberg). Der 469 Meter hohe Wennenberg ist auch ein Aussichtspunkt und nicht zuletzt eines der Ziele auf dem 18 Kilometer langen „7-Hügel-Weg" (www.geopark-ries.de→7-Hügel-Weg).
- **Möttingen** In der Nähe des südöstlichen inneren Kraterringes liegt ein kleiner Aufschluss, eine Malmkalkscholle innerhalb der Bunten Trümmermassen. Dieser Aufschluss diente früher wohl als Steinbruch (www.geopark-ries.de→Aufschluss Kratzberg).
- **Nördlingen** Gut geeignet, um sich auf die Geotope im Geopark vorzubereiten, ist der Geologische Lehrgarten beim RiesKraterMuseum: Auf 1000 Quadratmetern Fläche (öffentlich zugänglich, rollstuhlgeeignet) präsentiert er Gesteine vom Suevit bis zur Bunten Breccie (www.ferienland-donau-ries.de→ Geologischer Lehrgarten).

Gut zu wissen – Tourismustipps zum Geopark Ries

- **Tourist-Info Nördlingen** Auskunft und Prospekte gibt es bei der Tourist-Information, Marktplatz 2, 86720 Nördlingen, Telefon 0 90 81/84-1 16, tourist-information@noerdlingen.de, www.noerdlingen.de→Tourismus.
- **Sehenswürdigkeiten im Internet** Informationen zu den schönsten Baudenkmälern in der Stadt Nördlingen findet man unter www.noerdlingen.de→Baukunst.
- **Stadtmauerrundgang** Der deutschlandweit einzigartige Nördlinger Stadtmauerring ist jederzeit zugänglich.
- **„Daniel"** Der Aufstieg zur Aussichtsplattform ist von März bis Oktober täglich von 10 bis 18 Uhr, im Winter bis 17 Uhr (im Advent teils länger) möglich. Infos: Telefon 0 90 81/27 18 13.
- **Nördlinger Museen im Internet** Infos zu allen Museen und auch zum „Daniel" unter www.noerdlingen.de→Museen.
- **RiesKraterMuseum** Prominentestes Exponat ist ein Stein vom Mond. Es geht aber vor allem um den Rieskrater, den besterhaltenen und -erforschten Meteoritenkrater der Welt. Beim RiesKraterMuseum liegt ein Geopark-Infozentrum.
- **Stadtmuseum** Ein Flöte spielender römischer Satyr, gotische Tafelbilder sowie ein Diorama der Schlacht bei Nördlingen mit tausenden Zinnfiguren sind Höhepunkte im früheren Heilig-Geist-Spital (www.noerdlingen.de→Stadtmuseum).
- **Eisenbahnmuseum** In Hallen des Lokdepots der Königlich Bayerischen Staatsbahn sind mehr als 200 Originalfahrzeuge von der Dampflokomotive bis zur Schnellzuglok zu sehen. Auch die Anlagen und Werkstätten vermitteln Eisenbahntechnik (www.bayerisches-eisenbahnmuseum.de).
- **Veranstaltungen im Internet** Alles zu traditionellen Festen und Märkten unter www.noerdlingen.de→Veranstaltungen.
- **Stabenfest** Jährlich im Mai wird der traditionelle Festumzug der Nördlinger Kinder zur Kaiserwiese gefeiert.
- **Stadtmauerfest** Alle drei Jahre versetzt das „Historische Stadtmauerfest" Nördlingen ins Mittelalter zurück.
- **Nördlinger Mess'** Ihr Vorläufer war die im Jahr 1219 erstmals erwähnte Nördlinger Pfingstmesse. Heute ist die „Mess'" auf der Kaiserwiese das größte Volksfest Nordschwabens – mit Fahrgeschäften, Festzelten und Marktständen (immer im Juli).
- **Scharlachrennen** Eine der größten süddeutschen Pferdesportveranstaltungen findet auf der Kaiserwiese statt – eine Tradition, die immerhin bis 1438 zurückreicht.

Auf dem südlichen Kraterrand

Höhlen, Burgruinen und ein Kloster

Christgarten
Ederheim
Hohenaltheim
Holheim
Hürnheim
Mönchsdeggingen
Nördlingen
Schmähingen
Utzmemmingen

An der Grenze zwischen dem Nördlinger Stadtteil Holheim und Utzmemmingen fand man in der Großen Ofnet die Schädel von Steinzeitmenschen.

Geschichte am südlichen Rieskraterrand: Höhlenmenschen, Römer und Ritter

Entlang des Kraterrandes südlich von Nördlingen erstreckt sich eine der spektakulärsten Landschaften im heutigen Geopark Ries. Auf engstem Raum liegen nahe Holheim zwei Höhlen der Steinzeitmenschen direkt über Fundamenten eines römischen Gutshofs und die schönste Burgruine der Region in Sichtweite eines der blutigsten Schlachtfelder des Dreißigjährigen Kriegs. Diese Tour zwischen Holheim und Mönchsdeggingen führt von den Ofnethöhlen, Spuren der Römer und Staufer über einen Geopark-Lehrpfad bis zu einem Kaiser in der „Wies im Ries".

Wer einen Großteil des Themenspektrums im Geopark Ries quasi im Schnelldurchlauf erleben will, liegt mit dieser nur circa 15 Kilometer langen Tour entlang des südlichen Kraterrandes goldrichtig. **Holheim**, ein Stadtteil von **Nördlingen**, ist für diese These der beste Beweis: Auf dem dortigen Riegelberg schaut man von zwei

Der Höhleneingang der Kleinen Ofnet im Riegelberg befindet sich nur wenige Meter oberhalb ihres größeren Pendants.

Höhlen aus – von den Eingängen zur Großen Ofnet und Kleinen Ofnet – direkt auf die Fundamente eines römischen Gutshofs am Fuß dieser zwei Kilometer langen,

Unterhalb der beiden Höhlen im Riegelberg sieht man die Grundmauern eines römischen Gutshofs.

fast kahlen Malmkalkscholle an der Gemarkungsgrenze zwischen Nördlingen und **Utzmemmingen**. Die Ofnethöhlen zählen zu den größten Sehenswürdigkeiten im Ries. Berühmt wurden die Große Ofnet und ihr etwas höher im Riegelberg gelegenes kleineres Pendant 1908, als man dort 33 Schädel des Homo sapiens fand. Diese Relikte einer rituellen Schädelbestattung (die Schädel von Frauen mit Schmuckbeigaben) in der Altsteinzeit stammen aus der Zeit um das Jahr 13 000 vor Christus.

Im Maienbachtal am Fuß des Riegelberges erstrecken sich Fundamente einer Villa rustica. Diese Mauern eines römischen Gutshofs wurden von 1975 bis 1981 freigelegt und teilweise rekonstruiert. Außer dem Hauptgebäude wurden weitere fünf Bauten (auch ein Bad und Mauerreste der Einfriedung) ergraben. Brandspuren im Haupthaus und unbestattete Überreste Erschlagener deuten auf ein gewaltsames Ende hin. Dies geschah spätestens um 259/260, als die Römer den Limes aufgaben und ihre Militärgrenze an den Rhein und an die Donau zurückverlegten. Bis dahin war das Ries die Kornkammer der römischen Provinz Rätien gewesen. Von der in Augusta

Dieser Blick auf den Riegelberg und die schon von Weitem sichtbaren Ofnethöhlen ergibt sich auf dem Weg zur Alten Bürg bei Utzmemmingen.

Von der Aussichtsplattform über dem Erlebnis-Geotop Lindle im Nördlinger Stadtteil Holheim genießt man auch den Blick auf die Altstadt.

Erlebnis-Geotop im Geopark Ries

Der Steinbruch Lindle: ein Erlebnis-Geotop mit geologisch-naturkundlichem Lehrpfad

Im Erlebnis-Geotop Lindle zwischen Holheim und Ederheim leitet ein drei Kilometer langer Lehrpfad des Geoparks Ries mit 13 Informationstafeln zu geologischen, naturkundlichen und besiedlungsgeschichtlichen Themen. Direkt unter einer großen Aussichtsplattform liegt ein aufgelassener Steinbruch. Dort wurde das Gestein einer mächtigen verkippten Malmkalkscholle abgebaut. Von einer hohen Aussichtsplattform aus überblickt man neben dem Areal des Steinbruchs nördlich davon das Riesbecken und die Nördlinger Stadtsilhouette. Ein Turm sowie weitere Aussichtspunkte erlauben ebenfalls den Blick auf den Steinbruch und das Ries. Die Relikte einer (vermuteten) spätmittelalterlichen Turmhügelburg, die Flora der Trockenvegetation und ein Flachwassertümpel (ein Biotop für Gelbbauchunken, Kreuzkröten und Molche) liegen am Weg.

· Nördlingen, an der B 466 zwischen dem Nördlinger Stadtteil Holheim (westlich davon beginnt der Lehrpfad) und Ederheim
· www.geopark-ries.de → Lindle

Vindelicum (Augsburg) verwalteten Provinz Rätien leitet sich auch der Name Ries ab. Die Villa rustica bei Holheim ist eines bedeutendsten (sichtbaren) Relikte der Römerzeit im Ries und in Nordschwaben. Die dort ergrabenen Funde – etwa die Statue eines Flöte spielenden Satyrs – sind im Stadtmuseum Nördlingen zu besichtigen.

Zwischen Holheim und dem südlich angrenzenden Dorf **Ederheim** erstreckt sich das Erlebnis-Geotop Lindle im einstigen Steinbruch Arlt. Auch der Steinbruch Siegling liegt bei diesem ausgedehnten Geotop: Unter anderem dort bereiteten sich US-amerikanische Astronauten der Apollo-Missionen 14 und 17 auf die Entnahme von Gesteinsproben auf dem Mond vor. Der Steinbruch Siegling ist nicht zugänglich, kann aber von einem Aussichtsturm des benachbarten Lehrpfads aus eingesehen werden. In Sichtweite liegt auch der Riegelberg, wo die Mondfahrer 1970 beziehungsweise 1972 die Ofnethöhlen besuchten.

Die Kirche in Ederheim – St. Oswald – wurde während der Schlacht bei Nördlingen im Jahr 1634 zerstört. Mitte des 17. Jahrhunderts wurde ihr neuer Turm erbaut, das

Die unmittelbare Umgebung der beiden Höhlen im Riegelberg wurde als Naturschutzgebiet „Ofnethöhlen bei Holheim" klassifiziert.

Die beiden Ofnethöhlen bei Holheim – hier der Eingang zur Großen Ofnet – zählen zu den meistbesuchten Sehenswürdigkeiten im Ries.

Eines der schönsten Geotope in Bayern

Die Große und die Kleine Ofnethöhle: Steinzeit mit Blick auf Mauern der Römer

Der Riegelberg ist eine mächtige verkippte Kalkscholle am äußeren Riesrand bei Holheim und Utzmemmingen. Die Große und die Kleine Ofnet an seinem südseitigen Hang sind Relikte eines unterirdischen Karstsystems, in das kohlendioxidhaltiges Wasser eindrang und den Kalkstein in Jahrmillionen aushöhlte. Die Große Ofnet hat eine Gesamtganglänge von 55 Metern. Archäologen fanden dort tausende Jahre alte steinzeitliche Relikte ritueller Kopfbestattungen. Circa 50 Meter schräg darüber liegt der Eingang zur zwölf Meter langen Kleinen Ofnet. Ein Großteil des zwei Kilometer langen Riegelberges gehört zum württembergischen Utzmemmingen. Auf der bayerischen Seite schaut man vom „Himmelreich" aus auf Nördlingen.

· Nördlingen, Ortsteil Holheim, westlich der B 466, Abzweigung knapp zwei Kilometer nach Holheim, Parkplätze im Maienbachtal beim Römischen Gutshof am Fuß des Riegelberges
· www.geopark-ries.de → Ofnethöhlen
· www.lfu.bayern.de → Ofnethöhlen

Am Weg zur Hohlensteinhöhle bei Ederheim ist unweit der Thalmühle ein kleiner See aufgestaut.

Kirchenschiff Mitte des 18. Jahrhunderts. Von der alten Ausstattung sind nur eine geschnitzte Figur des heiligen Vitus (um 1500) und das Epitaph des 1559 gestorbenen Nikolaus von Jagstheim-Pappenheim zu sehen.

Neben etlichen kleineren Höhlen findet man im Wald bei Ederheim die Hohlensteinhöhle.

Der unweit der Hohlensteinhöhle gelegene knapp 644 Meter hohe Blankenstein ist der höchstgelegene Punkt im Landkreis Donau-Ries.

Im Wald nahe Ederheim liegt die Hohlensteinhöhle: In der rund 20 Meter tiefen Höhle fand man Scherben aus der Steinzeit, Tier- und zerschlagene Menschenknochen sowie Steinzeitkunst: Ritzlinien auf Bruchstücken einer Kalksteinplatte zeigten die Umrisse dreier menschlicher Figuren und einen Wildpferdkopf. Anders als bei anderen Höhlen nahe Ederheim ist der Weg zur Hohlensteinhöhle ausgeschildert. Vom Parkplatz des Forstlehrpfads „Hölle" aus führt ein Fußweg in rund 30 Minuten durch den Wald zur Höhle. Südlich der Hohlensteinhöhle liegt der Blankenstein: Diese Felsformation ist der höchste Punkt (643,7 Meter über NN) im Landkreis Donau-Ries.

Auf dem Gebiet der Gemeinde Ederheim liegt vier Kilometer weiter südlich auch der Weiler **Christgarten** im Kartäusertal. Seinen Namen hat dieses abgeschiedene, dicht von Wald umstandene Tal von jenem Kartäuserkloster Christgarten, das die Grafen Ludwig und Friedrich von Oettingen 1383 gestiftet hatten. Der letzte Prior trat zum Protestantismus über, die Kartause wurde im Schmalkaldischen Krieg und im Dreißigjährigen Krieg zerstört und nach 1648 aufgehoben. Von der Klosterkirche St. Peter blieb nur der Mönchschor intakt. Vor seiner Südfassade haben sich romantische Mauerreste der untergegangenen Klosteranlage erhalten.

Östlich von Ederheim und Christgarten liegt **Hürnheim**. Eine Chorturmkirche wohl des 15. Jahrhunderts stand am Anfang der heutigen Kirche St. Vitus. 1782 hat man den Kirchturm erhöht und ihm eine barocke Zwiebelhaube aufgesetzt. Im Inneren hängen – Seite an Seite, ähnlich wie in etlichen evangelischen Kirchen im Ries – zwei Porträtgemälde, die den Reformator Martin Luther und seinen Mitstreiter Philipp Melanchthon abbilden.

Nach dem Ort benannten sich die Edelfreien von Hürnheim: Drei ihrer Burgen lagen nah bei diesem Dorf. Der Burgstall ihrer abgegangenen Burg Rauhaus über dem Kloster Christgarten ist noch heute im Gelände auszumachen. Südlich von Hürnheim, auf dem Hochhauser Berg südlich des Forellenbachtals, hat der Wald längst die Mauerreste jener Burg Hochhaus zurückerobert, die 1347 in die Hand der Grafen von Oettingen kam. Der Wanderweg zu dieser schaurig-schönen Ruine lohnt sich,

Nördlich von Ederheim stößt man auf die ehemalige Kartause Christgarten. Erhalten geblieben sind der Mönchschor und wenige Mauerreste.

Ein Schild warnt vor dem Betreten der schaurig-schönen, allerdings stark einsturzgefährdeten Ruine der Burg Hochhaus bei Hürnheim.

doch das Begehen des Burgareals ist angesichts seiner Lage auf einem steil abfallenden Höhenrücken und der stark vom Einsturz bedrohten Mauerreste und Gewölbe

Der Blick über den als Fischweiher aufgestauten Forellenbach auf die Burgruine Niederhaus.

Leere Fensterhöhlen im ehemaligen Palas der äußerst sehenswerten Burgruine Niederhaus.

nicht ungefährlich. Ein Warnschild verbietet darum das Betreten dieser ehemaligen, 1719 von Grund auf neu erbauten Höhenburg. Trotz der Zerstörungen durch einen Brand im Jahr 1749 war hier noch bis 1806 ein Oberamt des Fürstentums Oettingen-Wallerstein untergebracht.

Empfehlenswert ist im Gegensatz dazu die Besichtigung der frei auf einem steilen Höhenrücken hoch über dem Forellenbachtal stehenden und gut begehbaren Ruine Niederhaus. 1597 verkauften die Herren von Hürnheim ihre Stammburg an die Grafen von Oettingen. 1633 zerstörten Schweden Teile dieser Burg, die man erst später völlig verfallen ließ. Die Burgruine bietet Ritterromantik pur – von der malerischen Lage auf dem Burghügel, den auf zwei Seiten die Wälle und Gräben umgeben, bis hin zum hohen, im 12. Jahrhundert mit Buckelquadern errichteten quadratischen Bergfried. Vom Palas sind die Mauern mit den leeren Fensterhöhlen ebenso erhalten wie der Stumpf des runden Wasserturmes an der Talseite.

Über das ganze Forellenbachtal verstreut lagen im Jahr 1634 Tote, Sterbende und Verwundete der Schlacht bei Nördlingen. Das nahe Schlachtfeld war der Albuch, ein

Die Ruine Niederhaus erinnert an die Herren von Hürnheim und an Konradin, den letzten Staufer.

Ein Dorf und ein Schloss, Burgruinen und Epitaphe erinnern an die Hürnheimer

Nicht nur der Name des Dorfes Hürnheim erinnert an das Rieser Geschlecht der Edelfreien von Hürnheim, sondern auch die Mauerreste von Burg Niederhaus, der wohl romantischsten Ruine in der Region. Erstmals erwähnt wurden die Hürnheimer schon 1153. Im 12. und 13. Jahrhundert gehörten sie zu den mächtigsten adeligen Familien im Ries – neben den Grafen von Oettingen, die aber die Hürnheimer sukzessive verdrängten. Deren Bedeutung resultierte vor allem aus Besitz und Rechten um ihre Stammburg Niederhaus bei Hürnheim. Weil sie sich um 1240 in die Linien Hürnheim-Hochhaus, Hürnheim-Rauhaus-Katzenstein und Hürnheim-Niederhaus-Hochaltingen aufteilte, verlor diese Familie noch vor 1300 ihre starke Stellung, an die auch die Ruine Hochhaus und Schloss Hochaltingen erinnern. Das Grabmal Hans von Hürnheims entdeckt man in der Hochaltinger Pfarrkirche Mariä Himmelfahrt, das Epitaph Eberhard von Hürnheims in der dortigen Gruftkapelle ist ein Meisterwerk der Renaissance. Seit 1868 erinnert in der Ruine Niederhaus eine Gedenktafel an Friedrich von Hürnheim: Er wurde 1268 mit dem letzten Staufer Konradin in Neapel enthauptet.

spärlich bewachsener Höhenrücken des Schwäbischen Jura über dem Dorf **Schmähingen** (heute ein Stadtteil von Nördlingen). Beim Kampf um den Albuch erlitten die protestantischen Truppen eine verheerende Niederlage: Danach waren Nördlingen, aber auch süddeutsche Reichsstädte wie Augsburg und nicht zuletzt Württemberg den Söldnern der Katholischen Liga schutzlos ausgeliefert. Unter den Generälen Graf Gustav Horn und Herzog Bernhard von Weimar waren die Schweden zuvor 13-mal vergeblich gegen die von den Kaiserlichen verteidigten Schanzen auf dem Albuch angerannt: Bei dem Gemetzel sollen zwischen 8000 und 12 000 Mann getötet oder verletzt worden sein. Eine schlichte Steinpyramide auf dem Albuch erinnert daran. Eine darauf angebrachte Inschriftentafel hält fest: „Auf dieser Höhe ward am 6. September 1634 die denkwürdige und folgenreiche Schlacht bei Nördlingen entschieden." Spuren der Schanzen sind noch im Gelände zu finden.

Der mit einem Spitzhelm gedeckte Turm der Kirche St. Maria in Schmähingen entstand 1436. Der Chor birgt Fragmente gotischer Wandmalereien aus der Bauzeit.

Der Blick vom Albuch auf die „steinreiche" und karge Wacholderheide auf einer Anhöhe über dem Nördlinger Stadtteil Schmähingen.

Eine steinerne Pyramide auf dem Albuch hoch über Schmähingen erinnert an eine folgenreiche Schlacht des Dreißigjährigen Kriegs.

Viereinhalb Kilometer südöstlich von Hürnheim (und drei Kilometer von Schmähingen) liegt **Hohenaltheim**. Das Dorf kam im frühen 16. Jahrhundert an die Grafen

Die Zufahrt zum Schloss Hohenaltheim, einem Wohnsitz des Fürsten von Oettingen-Wallerstein.

Der Blick auf Schloss Hohenaltheim und den in Fachkreisen bekannten barocken Schlosspark.

von Oettingen. Die anstelle eines Wasserschlosses ab 1711 errichtete Residenz des Fürsten Oettingen-Wallerstein und der weitläufige Schlosspark dominieren das Erscheinungsbild dieses Ortes. Da das Schloss bis heute

Hoch über dem fürstlichen Schloss in Hohenaltheim steht die evangelische Johanneskirche.

Der barocke Giebel des Hauptbaus von Schloss Hohenaltheim: Wolfgang Amadé Mozart bewarb sich hier 1777 als Hofkapellmeister des Fürsten.

Wolfgang Amadé Mozart: seine Bewerbung als Hofkapellmeister in Hohenaltheim

Im Schloss von Hohenaltheim residiert bis heute der Fürst von Oettingen-Wallerstein. Der Schlosskomplex und sein in Fachkreisen bekannter Barockgarten sind darum nicht öffentlich zugänglich. Auch wenn die Privatsphäre respektiert werden sollte, ist von der Anhöhe auf der anderen Seite der Schlossstraße aus – bei der Kirche St. Johannes – ein Blick auf den barocken Hauptbau und die benachbarten Kavaliershäuser, auf Verwaltungs- und Wirtschaftsgebäude, den Prinzenbau, die Reitschule und die Schlosskapelle möglich. Fürst Albrecht Ernst II. zu Oettingen-Wallerstein ließ dieses Schloss ab 1711 anstelle eines alten Wasserschlösschens bauen: Hohenaltheim wurde nun als Sommerresidenz genutzt. Im letzten Viertel des 18. Jahrhunderts zählte die Hofkapelle des Fürsten Kraft Ernst zu Oettingen-Wallerstein zu den renommiertesten Orchestern Süddeutschlands. In Hohenaltheim wollte sich W. A. Mozart 1777 als Hofkapellmeister bewerben. Doch weil der Fürst um seine im März verstorbene Gemahlin trauerte, blieb Mozarts Aufenthalt trotz einer Audienz am 27. Oktober folgenlos.

Der Blick vom Aussichtspunkt hoch über Mönchsdeggingen auf das Dorf und das dortige Kloster.

von Angehörigen des Hauses Oettingen-Wallerstein bewohnt wird, können die barocken Residenzbauten nur über die – zum Teil „grünen" – Schlossmauern hinweg besichtigt werden. Wer etwas mehr sehen will, geht an Söldnerhäuschen vorbei den steilen Beckenberg hinauf. Auf diesem Hügel über dem Ort steht die von der Kirchhofmauer umgebene Kirche St. Johannes. Der Sakralbau wurde um 1360 errichtet und 1755 erweitert, sein Turm entstand 1617/18. An einen Vorgängerbau des längst evangelischen Gotteshauses erinnern im Inneren der Taufstein (vermutlich aus dem 11. Jahrhundert) und ein Kapitell vom Ende des 12. Jahrhunderts am Chorbogen.

Das zwei Kilometer östlich von Hohenaltheim gelegene **Mönchsdeggingen** ist der Abschluss und ein Höhepunkt eines Streifzugs auf dem südlichen Kraterrand. Der schon 1007 urkundlich genannte Ort war im Besitz der Herren von Hürnheim, 1347 fiel Mönchsdeggingen aber an die Grafen von Oettingen. Im frühen 16. Jahrhundert spaltete die Reformation das Dorf: Die protestantische Linie Oettingen-Oettingen behielt weiter die Ortsherrschaft, die Grafen der katholischen Linie Oettingen-Wallerstein blieben Vögte des dortigen Benediktinerklosters.

Im Deckenfresko der ehemaligen Benediktinerklosterkirche wird an die Klosterstiftung erinnert.

Die 1802 säkularisierte Abtei Deggingen war das älteste Kloster im Ries: Heinrich II. hatte es 1016 dem Hochstift Bamberg geschenkt. Der 1146 heiliggesprochene Heinrich

Das Deckenfresko im Mittelschiff der Klosterkirche St. Martin zeigt im Motiv der Kreuzaufrichtung durch Missionare auch ein Abbild des Teufels.

Barocke Pracht – der Chor und das Langhaus der ehemaligen Benediktinerklosterkirche St. Martin.

entstammte einer bayerischen Nebenlinie der Ottonen. Als Heinrich IV. regierte er von 995 bis 1004 sowie von 1009 bis 1017 als Herzog über Bayern, war von 1002 bis 1024 König des Ostfrankenreiches sowie von 1004 bis

Ein Aufschluss am „Geopark-Lehrpfad Kühstein" lässt den Rand des Rieskratersees erkennen.

Dieser ehemalige Steinbruch bei der Grundschule in Mönchsdeggingen ist eine der Stationen des Lehrpfads am Kühsteinfelsen.

Erlebnis-Geotop im Geopark Ries

In Mönchsdeggingen: der Geopark-Lehrpfad um die Geotope Kühstein am Buchberg

Hoch über Mönchsdeggingen liegen die Geotope Kühstein am Kühsteinfelsen – eine allochthone Scholle am südlichen Kraterrand. Zwei Steinbrüche geben Einblick in die Geologie: Spuren eines 160 Millionen Jahre alten Riffgürtels und eines Mündungsdeltas am Rand des Riessees sind hier zu entdecken. Das Gestein eines der Aufschlüsse am Kühsteinfelsen entstand aus einem Riffzug im Jurameer: Dieses Schwammriff erstreckte sich 7000 Kilometer weit vom Kaukasus bis nach Oklahoma. Ein zweiter Aufschluss zeigt grobes und feines Geröll diverser Formen und Rundungen – teils in Lagen geschichtet: Dieses Gestein entstand aus den Sedimenten eines Zuflusses in den Kratersee. Ein 2,7 Kilometer langer Lehrpfad leitet mit acht Informationstafeln zu den Geotopen, zu einer Gerichtslinde, zu Kunst im Wald und zu einem Aussichtspunkt am Buchberg.

· Mönchsdeggingen, an der Almarinstraße (Parkplatz bei der dortigen Grundschule am Buchberg)
· www.geopark-ries.de→Lehrpfad Kühstein

Der jüdische Friedhof in Mönchsdeggingen erinnert an eine ehemalige jüdische Gemeinde.

1024 auch König von Italien. Von 1014 bis 1024 herrschte Heinrich II. als römisch-deutscher Kaiser. Das romanische, später barock stuckierte Kirchenschiff der Klosterkirche St. Martin, deren Grundstein 1161 gelegt wurde, ist weitgehend erhalten. Die Türme zerstörte 1512 ein Brand. 1750 wurde der gotische Chor erneuert. Die von 1693 an barockisierte Kirche gilt als „Wies im Ries". Ihre einheit-

Weitere Geotope im Geopark Ries

- **Nördlingen** Zwischen Schmähingen und Hürnheim schließt ein Steinbruch eine kristalline Scholle auf (www.geopark-ries.de→Kristallinscholle).
- **Ziswingen** Der frühere Steinbruch in diesem Ortsteil von Mönchsdeggingen zeigt allochthone Gesteine des Weißjura (www.geopark-ries.de→Ziswingen).
- **Forheim** Die Felsnadel Taubenstein ist eine Zinne aus Malmmassenkalken im Wald nahe Christgarten (www.geopark-ries.de→Felsnadel).
- **Mönchsdeggingen** Der Aufschluss Rohrbach zeigt allochthone Weißjurakalke. Dieser aktiv betriebene große Steinbruch ist jedoch nur nach Anmeldung zu betreten (www.geopark-ries.de→Rohrbach).

liche Ausstattung leitete 1751/52 der Baumeister Johann Michael Fischer aus Dillingen. Zwei Figuren am Hochaltar verkörpern den Klostergründer Heinrich II. sowie seine Gemahlin Kunigunde von Luxemburg. Ein Deckenfresko stellt die Schenkung des Klosters dar. Die Klosteranlage steht auf dem Rand des Rieskraters, hoch über dem Dorf Mönchsdeggingen und mit weiter Aussicht über das Riesbecken. Den Klosterhof ziert ein barocker Brunnen: Der heilige Michael auf der steinernen Säule bezwingt Luzifer: Im Jahr 1745 war dies ein Symbol des Glaubenskampfes. Die Gebäude des säkularisierten Klosters um die katholische Pfarrkirche St. Martin waren fast sechs Jahrzehnte lang im Besitz der Mariannhiller Missionare, doch 2018 wurde der Komplex an Privatleute verkauft.

In Mönchsdeggingen erinnern der Friedhof am Ortsrand (an der Straße in Richtung Bissingen), die Mikwe – ein Ritualbad (Alemannenstraße 17) – und die frühere Synagoge (Albstraße 20/22) an die jüdische Gemeinde. Die zwischen 1684 und 1879 bestehende Kultusgemeinde löste sich auf, als die meisten Familien nach Nördlingen oder anderswohin gezogen waren. Ursache dafür war, dass die Trasse der 1849 eingeweihten Eisenbahnlinie nach Nördlingen nicht über Mönchsdeggingen verlief.

Gut zu wissen – Tourismustipps zum Geopark Ries

- **Tourismus in Ederheim** Zu den Sehenswürdigkeiten auf seinem Gemeindegebiet sowie zur Geschichte der Dörfer Ederheim und Hürnheim beziehungsweise des Klosters Christgarten informiert www.ederheim.de→Tourismus.
- **Wanderweg** Der 19 Kilometer lange „Schäferweg" des Geoparks Ries führt nach Ederheim und über den Riegelberg bei Holheim (www.geopark-ries.de→Schäferweg).
- **Museum** Den Flöte spielenden Satyr aus der Villa rustica am Riegelberg findet man im Stadtmuseum Nördlingen (www.noerdlingen.de→Stadtmuseum).
- **Bodendenkmal** Die Website des Geoparks Ries informiert auch zu Bodendenkmälern wie der Hagburg, einer Wallburg bei Christgarten (www.geopark-ries.de→Hagburg).
- **Römischer Gutshof** Zur Villa rustica bei Holheim informiert ausführlich www.ferienland-donau-ries.de→Gutshof.

In und um Oettingen und Wallerstein

Von Residenz zu Residenz

Auhausen
Dornstadt
Dürrenzimmern
Ehingen am Ries
Ehringen
Fremdingen
Hainsfarth
Hochaltingen
Holzkirchen
Klosterzimmern
Löpsingen
Maihingen
Marktoffingen
Minderoffingen
Munningen
Nördlingen
Oettingen
Pfäfflingen
Schwörsheim
Utzwingen
Wallerstein
Wechingen

An der Oettinger Schloßstraße steht das Rathaus, ein Fachwerkbau aus dem 15. Jahrhundert. Im Hintergrund ist das Untere Tor zu erkennen.

Zum nordwestlichen Rand des Rieskraters und in die Welt der Grafen von Oettingen

Hauptsehenswürdigkeiten in dieser seitab der großen Verkehrsströme gelegenen Ecke im Ries, die von den Grafen und nachmaligen Fürsten von Oettingen-Wallerstein geprägt wurde, sind die Residenzstadt Oettingen, der Residenzort Wallerstein und das von einem Oettinger Grafen gegründete Kloster Maihingen. Bei dieser Tour stößt man gleich auf drei der 100 schönsten Geotope Bayerns – zwei in Hainsfarth, eines in Wengenhausen – und auf den Wallersteiner Felsen, ein Relikt des Riessees.

Oettingen ist ein Musterbeispiel für ein Residenzstädtchen aus jener Zeit, in der die deutsche Kleinstaaterei bizarre Blüten trieb. Ab 1522 herrschten in dieser Stadt je eine evangelische und katholische Linie des Hauses Oettingen: Folglich gab es hier auch zwei Schlösser. Die konfessionelle Teilung sieht man der Stadt bis heute an: Östlich der Schloßstraße war Oettingen evangelisch und

Der Blick auf das Oettinger Neue Schloss und auf die gotische evangelische Pfarrkirche St. Jakob.

wohnte hinter barocken Fassaden, doch westlich davon war man katholisch und lebte noch in Fachwerkhäusern. Die ehemalige Residenzstadt Oettingen kann man recht

Der Fremdenbau, die Stallungen und Ökonomiegebäude rahmen den barocken Brunnen mit der Steinfigur der „Maria vom Siege" im Schlosshof.

gemütlich zu Fuß erkunden. Dass die Stadt nicht groß ist, hinderte die Grafen zu Oettingen aber nicht daran, diese nach Erbfällen und wegen des Glaubensstreits aufzuteilen. Von zwei Schlössern dieser Epoche ist noch das von 1679 bis 1687 errichtete Neue Schloss (auch: Oberes Schloss) erhalten. Von dort führt die Schloßstraße an der evangelischen Pfarrkirche St. Jakob, am Alten Gymnasium und am Rathaus vorbei zum Königstor. Der Straßenzug beginnt am Schlosstor (auch: Oberes Tor, Schloßstraße 1) und endet am Königstor (Unteres Tor). Dieser von einer Laternenhaube gedeckte Torturm wurde zwischen 1594 und 1596 errichtet. Größere Abschnitte der schon in der Stauferzeit erbauten inneren Stadtmauer bestehen bis heute im Süden, Osten und Westen der Altstadt.

Das Neue Schloss entstand im Zeitalter des Barocks, auch wenn dieser Bau von außen wie ein Renaissancepalast wirkt. Innen aber findet man üppige Wohn- und Prunkräume, in denen einst die fürstliche Familie residierte. Besonders sehenswert ist der Festsaal: Den Raum ziert frühbarocker Stuck des Augsburgers Mathias Schmuzer. Dieser Vertreter der berühmten Wessobrunner Schule schmückte den Saal 1682/83 mit Imperatorenbüsten in

Der Festsaal ist der bedeutendste unter den Repräsentationsräumen des Neuen Schlosses.

Imperatorenbüsten, Putten und Grotesken zieren den Festsaal im Oettinger Neuen Schloss.

den Giebelstücken der Fenster sowie mit Putten und Grotesken. Im Festsaal finden die Oettinger Residenzkonzerte statt. Außer bei Konzerten kann man diesen

Vor der Jakobskirche stellt eine Skulptur den Apostel Jakobus „den Älteren" mit dem Pilgerstab dar: Oettingen liegt am Jakobuspilgerweg.

Saal und weitere prachtvoll stuckierte Repräsentationsräume im zweiten Stock bei Schlossführungen kennenlernen. Den östlich gelegenen – vom Fremdenbau, von Stallungen und von einem Ökonomiebau gerahmten – Schlosshof ziert die barocke Mariensäule über einem steinernen Brunnenbecken. Vor der Westfassade des Schlosses erstreckt sich der Hofgarten, der im 19. Jahrhundert im Stil englischer Landschaftsgärten angelegt wurde. Im nicht öffentlich zugänglichen Teil des Hofgartens liegt die ehemalige Orangerie, heute der Wohnsitz des fürstlichen Hauses von Oettingen-Spielberg.

Neben dem Schloss überragt der schlanke Turm der evangelischen Pfarrkirche St. Jakob, einer der größten Sehenswürdigkeiten unter den vielen Baudenkmälern in Oettingen, den historischen Stadtkern. Diese Kirche stammt im Kern aus dem 14. Jahrhundert, ihr Turm wurde in zwei Abschnitten (1461 und 1565) errichtet. Sehenswert ist die barocke Ausstattung des tonnengewölbten Saalbaus mit Wessobrunner Stuck – 1680/81 ebenfalls von dem Augsburger Mathias Schmuzer geschaffen. Barock ist auch das geschnitzte Taufbecken

Zu den Glanzstücken sakraler Kunst in St. Jakob zählt das aus Holz geschnitzte Taufbecken: Adam stützt die Muschelschale mit der Taufe Jesu.

Im Chorbogen der Oettinger Jakobskirche zeigt ein Allianzwappen das Wappenbild der Oettingen.

Die Grafen und Fürsten aus Oettingen – die Reformation spaltete das Adelshaus und die Stadt

„Otingen" wurde im 9. Jahrhundert erstmalig erwähnt. Im 12. Jahrhundert übernahmen Edelfreie diesen Ort: Die „von Oettingen" überzogen das Ries mit Burgen und Schlössern. Ihr Stammsitz, wohl eine im 12. Jahrhundert errichtete Burg, stand auf dem Platz bei der Kirche St. Sebastian: Diese Burg, die im 15. und 16. Jahrhundert zum Unteren (später: evangelischen) Schloss ausgebaut wurde, wurde um 1850 abgetragen. Zu Beginn des 15. Jahrhunderts fiel sie bei einer Erbteilung an Graf Ludwig XI. Sein Bruder Graf Friedrich III. bekam das Münzhaus, das später zum Oberen Schloss wurde. Im Unteren Schloss saß die Linie Oettingen-Oettingen, im Oberen (Neuen) Schloss die Linie Oettingen-Alt-Wallerstein. Auch Oettingen wurde geteilt. Die Reformation spaltete die Familie weiter: Eine Linie war katholisch, die andere – Oettingen-Oettingen – wurde evangelisch. Das katholische Haus Oettingen-Wallerstein teilte sich um 1600 in die Zweige Oettingen-Spielberg, Oettingen-Wallerstein und Oettingen-Baldern. 1734 wurden die Oettingen-Spielberg gefürstet, die Oettingen-Wallerstein 1774. Die Linie Oettingen-Baldern ist 1798 erloschen.

von 1689: Adam trägt auf seinen Schultern eine Jakobsmuschel mit den Figuren des Jesus und Johannes des Täufers. Die Kreuzigungsgruppe auf dem Choraltar ist schon um 1500 entstanden. Bemerkenswert sind in der Kirche St. Jakob die Anzahl und stilistische Vielfalt der teils farbig gefassten steinernen Grabmäler und hölzernen Epitaphe aus der Zeit vom 15. bis zum 18. Jahrhundert. Aus dem Rahmen fällt die etwas kuriose Grabinschrift des Grafen Ludwig von Oettingen-Oettingen, der im Jahr 1593 in Oettingen „von einem Schreiber zufälliger Weise erstochen" wurde.

Den zentralen Marktplatz dominiert ein Fachwerkbau. Das Rathaus, ein dreistöckiger Bau mit vorkragenden Dachgeschossen, ist eines der schönsten Fachwerkhäuser im bayerischen Schwaben. Es diente im Lauf der Jahrhunderte als Verkaufshalle, Schranne und Getreidelager.

Das katholische Pendant der Kirche St. Jakob ist die Pfarrkirche St. Sebastian, die östlich der Schloßstraße an der Hofgasse liegt. Dort hatte Ulrich von Oettingen nach einem „Blutwunder" 1467 eine Wallfahrtskapelle

In der evangelischen Pfarrkiche von Oettingen finden sich mehrere bemerkenswerte, teils auch farbig gefasste Epitaphe.

Eine kuriose Gedenkinschrift in der Jakobskirche: „von einem Schreiber zufälliger Weise erstochen."

gestiftet. Wegen der aufblühenden Wallfahrt entstand schon bis 1471 die Kirche. An ihrer Westfassade sind die Stifterfigur (eine Kopie von 1904), ein Wappenstein von

Die katholische Pfarrkirche St. Sebastian entstand bereits bis 1471, das Langhaus und die Sakristei wurden Mitte des 19. Jahrhunderts neu errichtet.

An der Hofgasse zeigt eine steinerne Gedenksäule das um 1850 abgetragene Alte Schloss.

1471 und die steinerne Figur des heiligen Sebastian (von 1680) zu sehen. Das Langhaus und die Sakristei wurden Mitte des 19. Jahrhunderts neu errichtet. Vor der Südfassade der Kirche liegt ein öffentlicher Park, der sogenannte Gruftgarten. Auf einer steinernen Gedenksäule ist dort das um 1850 abgetragene Alte Schloss der evangelischen Linie Oettingen-Oettingen abgebildet. Die ab 1260/70 entstandene, bis 1957 mehrfach veränderte ehemalige Schlosskapelle (nun die Gruftkapelle des Hauses Oettingen) steht am östlichen Rand dieses Parks. Westlich der Kapelle erinnert ein Denkmal an den 1813 gefallenen Rittmeister Prinz Carl zu Oettingen-Spielberg.

Die Erinnerung an die jüdische Gemeinde von Oettingen hält ihr weit außerhalb der Altstadt an der Mühlstraße gelegener Friedhof wach. Eine erste jüdische Gemeinde existierte schon vor 1298. Mitte des 16. Jahrhunderts gab es (nach Pogromen sowie einer Ausweisung) erneut eine jüdische Gemeinde. Wegen der konfessionellen Spaltung von Oettingen wurde sie bis 1731 sogar in „lutherische" und „katholische Juden" aufgeteilt, die damals in zwei verschiedenen Synagogen beteten. Auf dem 1850 angelegten jüdischen Friedhof am Rand des Wörnitztals

Nördlich von Hainsfarth liegt ein Steinbruch, in dem noch heute Suevit – der „Schwabenstein“ – abgebaut wird.

Eines der schönsten Geotope in Bayern

Eines der 100 schönsten Geotope Bayerns: der Steinbruch Aumühle bei Hainsfarth

Nach dem Einschlag des Riesmeteoriten regnete es geschmolzenes Gestein und Bruchstücke von Gestein vom Himmel. So entstand der Suevit, der „Schwabenstein“, aus dem auch der „Daniel“, der Turm der Nördlinger Kirche St. Georg, errichtet wurde. Eine Wand im Steinbruch Aumühle bei Hainsfarth besteht aus hellgrauem Suevit, der dort rotbraune Ablagerungen von Bunter Breccie überdeckt. Die exakte Abgrenzung dieser beiden typischen – durch den Riesimpakt innerhalb weniger Minuten entstandenen – Gesteine ist hier gut zu erkennen.

· Hainsfarth, nördlich des Ortes und östlich der B 466 (östlich der Wörnitz und auf Höhe des Sägewerkes Aumühle)
· Da der Steinbruch in Betrieb ist, darf er nur von Gruppen begangen werden. Dafür muss eine Erlaubnis eingeholt werden: Märker Zement GmbH, Oskar-Märker-Straße 26, 86655 Harburg, Telefon 0 90 80/82 11.
· www.geopark-ries.de/geotope→Hainsfarth Aumühle
· www.lfu.bayern.de→Aumühle

Eine hohe Mauer um den jüdischen Friedhof in Oettingen umgibt mehr als 300 Grabsteine.

stehen rund 300 von der hohen gemauerten Umfriedung geschützte Grabsteine. Bevor dieser Friedhof existierte, wurden die Toten der jüdischen Gemeinde Oettingens erst in Nördlingen, später in Wallerstein bestattet.

Die ehemalige Synagoge von Hainsfarth – davor hat man die Fundamente einer Mikwe ergraben.

Nur aus der Ferne und über Zäune zu sehen: die Grabsteine im jüdischen Friedhof von Hainsfarth.

Während von einer der Oettinger Synagogen nur noch rudimentäre bauliche Relikte erhalten sind, findet sich eine erhaltene Synagoge in der anderthalb Kilometer westlich gelegenen Gemeinde **Hainsfarth**. Das Bauwerk

Hoch über Oettingen wird in einem Weingarten bei Hainsfarth „echter Riesling" angebaut.

Nördlich von Oettingen überragen die imposanten Doppeltürme der ehemaligen Benediktinerklosterkirche St. Maria in Auhausen das Wörnitztal.

wurde um 1856/57 errichtet. Vor dieser Synagoge hat man die Fundamente einer Mikwe – eines jüdischen Ritualbads – entdeckt. Zu den Sehenswürdigkeiten von Hainsfarth zählen neben einem neu angelegten Weingarten, aus dessen Trauben „echter Riesling" erzeugt wird, gleich zwei der vom Landesamt für Umweltschutz gelisteten 100 schönsten Geotope Bayerns.

Auf eines der imposantesten Baudenkmäler im Geopark Ries (und auf einige der bedrückendsten Kunstwerke) stößt man im Wörnitztal nur acht Kilometer nördlich von Oettingen – auf das Kloster in **Auhausen**. Teile des Langhauses, das östliche Chorjoch sowie die beiden Nebenchöre der romanischen Benediktinerklosterkirche St. Maria wurden bereits 1120 erbaut. Der nördliche Turm wurde um 1230 erhöht, der südliche 1334 in einfacherer Form erneuert. Der Chor wurde 1519, kurz vor der Plünderung dieses Klosters und der Zerstörung der Ausstattung im Inneren der Kirche im Bauernkrieg von 1525, neu errichtet. Als man 1537 einen Getreidekasten einbaute, wurden die Wände des Seitenschiffes erhöht, seitdem bedeckt ein Satteldach alle drei Schiffe dieser

Auf dem Büschelberg über dem Dorf Hainsfarth stößt man auf die mehrere Meter hohen Felsformationen eines Aufschlusses im Riesseekalk.

Eines der schönsten Geotope in Bayern

Eines der 100 schönsten Geotope Bayerns: Riesseekalk und „Rüben" in Hainsfarth

Beim Sportplatz über dem Ort Hainsfarth findet man einen Aufschluss im Riesseekalk. Dieses Gestein entstand aus den Sedimenten des Riessees: Als Relikt eines Algenriffes haben sich dort ein bis fünf Meter hohe „Algenstotzen" gebildet. Derartige Kalkablagerungen wurden überwiegend von Grünalgen abgeschieden: Sie wuchsen im Lauf der Zeit in säulenartigen Strukturen („Rüben") nach oben – eine Form, die sonst nur noch in Südfrankreich bekannt ist. Das Landesamt für Umweltschutz hat diesen aufgelassenen Steinbruch unter Bayerns schönste Geotope aufgenommen, weil der ungefähr 200 Meter lange, stellenweise sieben Meter hohe Aufschluss als der bedeutendste unter mehreren einstigen Steinbrüchen gilt, in denen man Riesseekalke abbaute. Diesen Kalk nutzte man früher als Baustoff oder zum Schottern von Wegen.

· Hainsfarth, beim Sportgelände auf dem Büschelberg
· www.geopark-ries.de → Hainsfarth Riesseekalke
· www.lfu.bayern.de → Hainsfarth Riesseekalke

Epitaphe und das Chorgestühl in der Kirche von Auhausen zeigen bis heute jene Schäden, die der reformatorische Bildersturm von 1525 hinterließ.

Basilika. Durch den Bildersturm entstandene Schäden an dem aus Eichenholz gefertigten Kirchengestühl und an den Epitaphen sind ebenso kaum zu übersehen wie

Das romanische Langhaus der Kirche wurde um 1120 erbaut, der gotische Chor entstand 1519.

Das wertvollste Sakralkunstwerk in der Kirche von Auhausen ist der Hochaltar mit Tafelbildern des Nördlinger Stadtmalers Hans Schäufelin.

das Bruchstück der aus Ton gebrannten zerschlagenen Christophorusfigur an der Westwand. Dagegen blieb der Hochaltar im Chor mit den farbenfrohen Tafelbildern, 1513 geschaffen von dem Nördlinger Stadtmaler Hans Schäufelin, unangetastet. 1534 wurde die Klosterkirche zum evangelischen Gotteshaus – das zeigen die Figuren von Martin Luther und Philipp Melanchthon im Chor. In der Geschichte Deutschlands nimmt das aufgehobene Kloster eine wichtige Rolle ein: Nachdem Donauwörth 1607 durch Truppen des Herzogtums Bayern besetzt und gewaltsam rekatholisiert worden war, gründeten evangelische Fürsten und Städte im Kloster Auhausen 1608 ein militärisches Schutzbündnis: Die Protestantische Union war einer der Auslöser des Dreißigjährigen Kriegs.

Eine altehrwürdige Kirche findet man auch im knapp vier Kilometer westlich gelegenen Auhauser Ortsteil **Dornstadt**. Der Chorturm der heute evangelischen Pfarrkirche St. Nikolaus entstand dort in der ersten Hälfte des 14. Jahrhunderts. Die gotischen Deckenfresken und Wandmalereien im Chor stammen wohl aus der Zeit von 1340/50. Am nördlichen Ortsrand von Dornstadt

Im Chor von St. Nikolaus in Dornstadt sieht man gotische Deckenfresken und Wandmalereien.

liegt das ehemalige Jagdschloss in Hirschbrunn, das die Grafen von Oettingen hier bis zum Jahr 1607 erbauen ließen. Dieser dreigeschossige, annähernd quadratische Satteldachbau ist ein Wohnsitz des fürstlichen Hauses Oettingen-Spielberg und daher nicht zu besichtigen. Die 1692 errichtete Schlosskapelle Mariä Himmelfahrt steht für Besichtigungen offen.

Auch westlich der Stadt Oettingen und des Wörnitztals lohnt sich der Weg zu etlichen Kirchen. Nur vier Kilometer vom Oettinger Schloss entfernt steht die kleine Wehrkirche St. Ulrich und Stephanus in **Ehingen am Ries** in malerischer Alleinlage hoch auf dem Rand des Rieskraters. Der Sakralbau ist eine Simultankirche: Dort feiern Katholiken wie Protestanten ihre Gottesdienste. Der Turm wurde um das Jahr 1200 erbaut, das Langhaus wohl im 13. Jahrhundert, und Ende des 15. Jahrhunderts kam der Chor hinzu. Vom ummauerten Kirchhof aus – rund 50 Meter über der Riesebene – genießt man die weite Aussicht auf das südlich gelegene Riesbecken.

Dem Ortszentrum des viereinhalb Kilometer weiter westlich gelegenen **Hochaltingen** sieht man wegen des

Die Kirche St. Ulrich und Stephanus in Ehingen am Ries ist eine der seltenen Simultankirchen.

Schlosses und der Kirche Mariä Himmelfahrt sofort an, dass es sich bei diesem Dorf um ein Herrschaftszentrum gehandelt haben muss. Aus Richtung Wallerstein läuft die Schloßstraße direkt auf das Schloss zu, das heute ein

Das ehemalige Schloss in Hochaltingen steht inmitten einer ausgedehnten Parklandschaft.

Die Pfarrkirche Mariä Himmelfahrt wurde ab dem 13. Jahrhundert errichtet. Ihr barockes Äußeres erhielt die Kirche des Herrschaftsortes um 1730.

Seniorenheim beherbergt. Seit 1283 war das später überbaute und zuletzt 1764 umgebaute Schloss im Besitz der Herren von Hürnheim-Niederhaus. An sie sowie

Am Chorbogen der barockisierten Kirche in Hochaltingen hängt ein Kruzifix aus der Zeit um 1500.

an spätere Ortsherren erinnern Wappen der Hürnheimer, der Freiherren von Welden und nicht zuletzt der Grafen von Oettingen-Spielberg über dem Hauptportal.

Der Eindruck eines Herrschaftssitzes wird durch die Ausstattung und auch die Grabmäler früherer Hochaltinger Ortsherren im Langhaus und im Chor der nun barocken Kirche Mariä Himmelfahrt verstärkt. Der Bau entstand zwischen 1520 und 1730. Die im Jahr 1678 aufgestockte Gruftkapelle steht über den Mauerresten einer Kirche aus dem 13. Jahrhundert. Die nicht öffentlich zugängliche Gruftkapelle birgt ein herausragendes Kunstwerk im Stil der Renaissance – das Epitaph des Eberhard von Hürnheim und seiner Frau. Dieser Rotmarmorgrabstein, 1526 von dem Augsburger Bildhauer Hans Daucher geschaffen, stellt beide lebensnah dar.

Heute ist Hochaltingen ein Ortsteil des dreieinhalb Kilometer weiter westlich an der Grenze zu Mittelfranken gelegenen **Fremdingen**. Das Zentrum dieses Dorfes wird vom wuchtigen Turm der Kirche St. Gallus (der Unterbau ist das Relikt einer Chorturmkirche des 14. Jahrhunderts) neben dem 1737 gegründeten Dominikanerinnenkloster

In der Kirche und in der Gruftkapelle findet man Epitaphe der Ortsherren von Hochaltingen.

Das Dominikanerinnenkloster und der massige Turm von St. Gallus prägen Fremdingens Mitte.

geprägt. Mit dem Neubau dieser Kirche wurde bis 1907 auch der Turm erhöht. Der Blick in die Kirche lohnt sich: Das neuromanische Innere von St. Gallus gilt als ein bedeutendes Denkmal des „Münchner Historismus".

Die bis 1907 neu erbaute Kirche St. Gallus wurde einheitlich im neuromanischen Stil gestaltet.

Der ehemalige Steinbruch bei Wengenhausen: Im Hintergrund ist der markante quadratische Turm der Kirche in Marktoffingen auszumachen.

Eines der schönsten Geotope in Bayern

Eines der 100 schönsten Geotope Bayerns: die Impaktgesteine von Wengenhausen

Ein Schild an der B 25 kurz vor dem nördlichen Ortsrand von Wengenhausen weist auf einen aufgelassenen Steinbruch hin, den das Landesamt für Umweltschutz zu den 100 schönsten Geotopen Bayerns zählt. Der 50 Meter lange, bis zu fünf Meter hohe Aufschluss liegt fünf Kilometer vom westlichen Kraterrand entfernt in der Kraterrandzone. Dort sind Auswirkungen des Impaktes zu sehen. Als der Meteorit das 600 Meter starke Deckgebirge durchschlug, geriet kristallines Grundgebirge an die Oberfläche: Bruchstücke von Gneis, Granit und Amphibolit bildeten die Kristallinbreccie, die im Geotop in Riesseekalke eingebettet ist. Die ursprünglich harten Gesteine des Grundgebirges sind so fragmentiert, dass man sie im Steinbruch bei Wengenhausen von Hand zerbröckeln und zerbröseln kann.

· Marktoffingen, nahe der B 25 in Richtung Wallerstein, kurz vor dem Ortsteil Wengenhausen
· www.geopark-ries.de → Impaktgesteine Wengenhausen
· www.lfu.bayern.de → Wengenhausen

St. Laurentius in Minderoffingen war ursprünglich eine Chorturmkirche, die als Wehrkirche diente.

Der Weg in Richtung Süden führt von Fremdingen aus über zwei weitere der im Ries so häufigen Wehrkirchen. Vier Kilometer südlich – in **Minderoffingen** – umgibt eine schützende Mauer die Kirche St. Laurentius: Auch ihr

Die Kirche Mariä Himmelfahrt in Marktoffingen hat man ebenfalls zur Kirchenfestung ausgebaut.

Barocker Höhepunkt im Ries: Die Klosterkirche in Maihingen wurde ab 1712 neu errichtet.

Kern ist eine früh – im 12. Jahrhundert – entstandene romanische Chorturmkirche. Die Untergeschosse dieses Turmes sowie das Langhaus wurden aus unverputzten Tuffsteinquadern erbaut. Das aufgesetzte Turmoktogon und die Kirchhofmauer kamen im 17. Jahrhundert hinzu.

Der Chorturm der Kirche Mariä Himmelfahrt im gut zwei Kilometer weiter südlich gelegenen **Marktoffingen** ist ebenfalls ein Bauwerk des 12. Jahrhunderts. Stilisierte Tiere und Pflanzen zieren die romanischen Kapitelle im Chor. Im 16. Jahrhundert wurden der Turm erhöht und das Langhaus erbaut. Ein Denkmalführer bezeichnete das Ensemble in Marktoffingen als ein gut erhaltenes „Beispiel einer mittelalterlichen, durch die Mauern des Friedhofs und die zwei Torbauten im Norden und Süden geschützten Kirchenfestung“. Auch hier hat man den Kirchturm größtenteils aus unverputztem Stein erbaut.

In eine andere Welt und zu völlig anderen Dimensionen führt ein Besuch des Klosters in **Maihingen**, obwohl der Ort nur zweieinhalb respektive dreieinhalb Kilometer östlich von Marktoffingen und Minderoffingen liegt. Das 1437 von Graf Johann von Oettingen gestiftete einstige

Die Barockorgel der Klosterkirche in Maihingen ist in Hinblick auf den originalen Zustand dieses Instrumentes einzigartig.

Birgittenkloster hat eine bewegte Geschichte hinter sich: 1525 wurde es von aufständischen Bauern geplündert und weitgehend zerstört. Das 1576 aufgelöste Kloster kam 1607 an die Franziskanerminoriten, es wurde aber 1803 säkularisiert und ging in den Besitz der Fürsten von Oettingen-Wallerstein über. Ab 1947 diente es als Altenheim, heute ist es eine Bildungsstätte und wegen des Zusammenspiels von Architektur und Kirchenkunst, Museum, Landschaft und Geologie eine der am meisten besuchten Sehenswürdigkeiten im Ries.

Die Klosterkirche Mariä Himmelfahrt wurde ab 1712 neu errichtet. Ihre Ausstattung stammt fast durchwegs aus den vom Stil des Barocks geprägten Jahrzehnten nach der Weihe im Jahr 1719 – vom Stuck über die Fresken, Bilder, Altäre und die Stuckmarmorkanzel bis hin zum figürlich reich geschmückten Chorgestühl an der Westempore. Einzigartig (mitsamt der Historie) ist die Orgel: Anstelle einer Vorgängerorgel wurde dieses Instrument 1734 neu auf der Empore aufgestellt, aber 1802 mit der Säkularisierung des Klosters versiegelt. Die Orgel wurde danach nicht mehr bespielt. Von 1987 bis 1991 hat man

Eine Station unter den Geotopen Klosterberg in Maihingen ist ein früherer Versuchsstollen – das Relikt einer vergeblichen Suche nach Silbererz.

Erlebnis-Geotop im Geopark Ries

Die Geotope Klosterberg in Maihingen: Steinbrüche und Stollen im Tal der Mauch

Auf einem mehr als zweieinhalb Kilometer langen Rundweg im Tal der Mauch in Maihingen erklären sieben Ereignistafeln Geologie, Fauna und Flora sowie die Geschichte der Geotope. Am Fuß des Klosterberges leitet dieser Lehrpfad des Geoparks Ries an der früheren Klostermühle vorbei zu zwei früheren Kristallinsteinbrüchen – Langenmühle I und II – sowie zum Steinbruch Hahnberg. In der Zeit um 1670 hatten die Grafen von Oettingen-Wallerstein im Ulrichsberg beim Kloster nach Silbererz suchen lassen. Suchstollen der 1684 aufgegebenen Erzabbauversuche sind erhalten. Der Klosterbrauerei dienten diese Stollen später als Bierkeller, und das Kloster lagerte dort Lebensmittel. Vier Felsenkeller im Ulrichsberg bieten heute Fledermäusen ein Winterquartier. Einer dieser Felsenkeller unweit der Klosterkirche kann besichtigt werden.

· Maihingen, Ausgangspunkt Klosterhof 8, Museumsparkplatz
· www.geopark-ries.de → Lehrpfad Klosterberg
· www.geopark-ries.de → Geotope Klosterberg

Im früheren Klosterbrauhaus ist das „Museum KulturLand Ries" zuhause – im Außenbereich wachsen für das Ries typische Ackerfrüchte.

diese Orgel nach strengen Kriterien (unter anderem von der Werkstätte G. F. Steinmeyer & Co. in Oettingen) neu zum Klingen gebracht. Eine Orgeldatenbank nennt das

Das „Museum KulturLand Ries" informiert zur Landwirtschaft im Ries von etwa 1800 bis 1950.

Zu den Exponaten im Museum gehört auch eine Lokomobile: Diese Dampfmaschine fuhr man von Hof zu Hof, um Dreschmaschinen anzutreiben.

Maihinger Instrument die in Bezug auf Stimmungsart, Stimmtonhöhe und Intonation wohl „mit dem höchsten Originalitätsgrad erhaltene deutsche Barockorgel".

Südlich an die Kirche angebaut ist eine Dreiflügelanlage mit relativ einfachen Klostergebäuden. Zu dem klösterlichen Ensemble gehören etliche Ökonomiebauten: Im früheren Brauhaus (Klosterhof 8) nördlich der Kirche und in einem Ökonomienbau südöstlich des Klosters) zeigt das „Museum KulturLand Ries" Exponate zu drei Jahrhunderten Rieser Alltagskultur von Themen wie Wohnen und Haushalt über einen Krämerladen und eine Milchhandlung bis hin zu einem Friseursalon sowie zu einer Arzt- und Zahnarztpraxis. Eine Ausstellung zur Landwirtschaft befasst sich mit dem Weg von der Handarbeit bis zur Vollmechanisierung in der Zeit von 1800 bis 1950.

Beim „Museum KulturLand Ries" beginnt der Dorf- und Flurlehrpfad Maihingen, der rund um den Klosterberg und um das Dorf sowie in das Tal der Mauch führt. In einer Scheune der ehemaligen Klostermühle an diesem Flüsschen betreibt ein Verein ein Mühlenmuseum. An

Beim Kloster Maihingen führt eine alte steinerne Brücke über die Mauch und zu mehreren Aufschlüssen des dortigen Erlebnis-Geotops.

der Mühle vorbei und zu mehreren aufgelassenen Steinbrüchen führt dort einer der Lehrpfade des Geoparks Ries zu den Stationen des Erlebnis-Geotops Klosterberg.

Detail bei der Klostermühle – ein Wegweiser für den Weg in das nahe gelegene Minderoffingen.

Eine Informationstafel erklärt die vielfältige Zusammensetzung der Gesteine am Aufschluss Langenmühle am Klosterberg bei Maihingen.

Wenig mehr als einen Kilometer nördlich von Maihingen liegt der Ortsteil **Utzwingen**. Im 14. Jahrhundert wurden dort die romanische Chorturmkirche St. Georg und der

Am Nordrand des Maihinger Ortsteils Utzwingen: das barocke Pfarrhaus neben der Kirche St. Georg.

Saalbau aus unverputztem Quadermauerwerk erbaut. Ihre neuromanische Ausstattung erhielt diese Kirche 1878. Zusammen mit der wohl ab dem 16. Jahrhundert entstandenen Friedhofsmauer und dem um 1750 erbauten Pfarrhaus bildet sie ein sehenswertes Ensemble.

Die Gruftkapelle bei der Klosterkirche in Maihingen war bis 1962 die Begräbnisstätte des fürstlichen Hauses Oettingen-Wallerstein. Der Residenzort **Wallerstein** liegt nur gut fünf Kilometer südlich des Klosters: Der steil aufragende Wallersteiner Felsen, auf dem bis 1648 die riesige Burg der Grafen von Oettingen-Wallerstein stand, ist im flachen Riesbecken von Weitem zu sehen. Noch im 15. Jahrhundert hieß dieser Ort „Steinheim". Von der Alten Burg auf dem „Wallerstein" sind nur noch der ab 1582 beziehungsweise – nach der Zerstörung – ab 1789 errichtete Gebäudering südlich, westlich und nördlich dieser Felsenkuppe zu sehen. Durch einen dreigeschossigen Torbau gelangt man zum stufenreichen Aufstieg: Oben angekommen genießt man einen weiten Blick über das Ries. Allerdings verdecken in den letzten Jahrzehnten gewachsene Bäume fast völlig den Blick auf Wallerstein und vollständig auf das von der fürstlichen

Blick vom Wallersteiner Felsen: Vom Ort ist hinter hochgewachsenen Bäumen nicht viel zu sehen.

Im Riesseekalk am Fuß des mächtigen Wallersteiner Felsens hat sich eine Höhle gebildet.

Der Wallersteiner Felsen – ein Relikt des verlandeten Sees im Rieskrater

Der Wallersteiner Felsen – einer der bekanntesten Aussichtspunkte im Ries – überragt die Ebene um circa 70 Meter. Bis 1648 stand hier eine riesige Burg, die im Dreißigjährigen Krieg von den Schweden zerstört wurde: Ruine und Felsen wurden zum Steinbruch. Der Wallersteiner Felsen ist ein sogenannter Süßwasserkalkstotzen, der zum inneren Ring des Rieskraters gehört. Dieser Felsen entstand aus Sedimenten des Riessees, aus dem er sich wie eine Insel erhob. Als der Kratersee nach zwei Millionen Jahren verlandete, bildete sich das Riesbecken. Die obersten Sedimente dieses Sees waren in den Eiszeiten abgetragen worden. Da die fossilienführenden Riesseekalke des Wallersteiner Felsens verwitterungsresistenter waren als das in der Umgebung abgelagerte tonige Material, präparierte die Erosion den Wallersteiner Felsen als Härtling heraus.

- Wallerstein, Obere Bergstraße, zu Fuß durch den Torturm des Alten Schlosses und über den Hof zum Felsen, Zugang nur über den Grund des Fürstlichen Brauhauses
- www.geopark-ries.de → Burgfelsen Wallerstein

Der Torbau ist eines der wenigen Relikte des Alten Schlosses. Im Dreißigjährigen Krieg wurde die riesige Burganlage über Wallerstein gesprengt.

Familie bewohnte Neue Schloss. Es ist für die Öffentlichkeit ebenso wenig zugänglich wie die Schlosskapelle St. Anna und der ausgedehnte Schlosspark, an dessen

Das Neue Schloss – rechts der Turm der Schlosskapelle St. Anna – ist nicht öffentlich zugänglich.

Die Wallersteiner Pfarrkirche St. Alban wurde ab 1612 errichtet (links die einstige Herrschaftsloge).

Rand das Moritzschlösschen und die Reitschule stehen. Nicht zugänglich ist auch die von außen sehenswerte, um 1625 erbaute Kapelle Maria Hilf (Obere Bergstraße) beim Alten Schloss. Spuren der hier residierenden Grafen

Die Pestsäule – optischer Mittelpunkt der Hauptstraße – ist Wallersteins markantes Wahrzeichen.

und Fürsten Oettingen-Wallerstein entdeckt man in der Pfarrkirche St. Alban. Dort sieht man die Herrschaftsloge, aber auch ein Epitaph für verstorbene Angehörige des Hauses Oettingen-Wallerstein. Ein unübersehbares Denkmal dieser Familie ist die Wallersteiner Pestsäule (auch: Dreifaltigkeitssäule), die östlich der Pfarrkirche mitten in der Hauptstraße errichtet wurde. An einem hohen Pfeiler verkörpern steinerne Figuren die beiden Schutzpatrone der Pestkranken, die Heiligen Rochus und Sebastian. Ausgeführt wurde dieses Denkmal zwischen 1720 und 1725 vom Bildhauer Josef Bschorer aus der Fuggerherrschaft Oberndorf im Lechtal. Eine Wappenkartusche am Denkmal zeigt neben dem Oettingen-Wappen auch das Wappen der Fugger-Glött.

Fernab des östlichen Ortsrandes erinnert der von hohen Bäumen umstandene Judenfriedhof an die jüdische Gemeinde von Wallerstein. Dieser Friedhof war nach dem Dreißigjährigen Krieg zur zentralen Begräbnisstätte für die Juden der Grafschaft Oettingen geworden. Während der NS-Zeit wurde er geschändet, ein Großteil der Grabsteine verschleppt oder zerschlagen. Erhaltene Steine hat man nach Kriegsende wieder dort aufgestellt.

Davidstern im Eingangsgitter am weit außerhalb von Wallerstein gelegenen jüdischen Friedhof.

An der Wallersteiner Pestsäule ist unter anderem das Wappen der Fugger-Glött zu erkennen.

Schlösser und die Wallersteiner Pestsäule erinnern im Geopark Ries an die Fugger

Mitten in Wallerstein, in der Hauptstraße, steht die Pestsäule, die Graf Anton Karl von Oettingen-Wallerstein bis 1725 aufstellen ließ. Die Kartusche an der Westseite zeigt das Wappen seiner Gemahlin – Agnes Freifrau Fugger von Glött. Und auch im 1582 errichteten quadratischen Torbau des Alten Schlosses erinnert das Fragment eines Allianzwappens an eine der sieben Ehen von Grafen zu Oettingen-Wallerstein mit Frauen aus dem Haus Fugger. In Wallerstein findet man also sogar zwei der raren Spuren der Augsburger Fugger und späterer Linien im Geopark Ries. Das Wappen der Fugger, die sich auch mit Frauen der Familien Oettingen-Spielberg und Oettingen-Katzenstein vermählten, entdeckt man auch bei einem Rundgang auf der Harburg. Ein imposantes Fugger'sches Denkmal im Geopark Ries ist das Donauwörther Pfleghaus (ein Trakt des Landratsamtes), das Anton Fugger ab 1537 als Stadtschloss erbauen ließ. Schloss Duttenstein bei Dischingen gehörte bis 1735 den Fuggern, das Schloss hoch über Möhren bis 1877. Auf einem Hügel der Griesbuckellandschaft bei Demmingen erinnert ein Burgstall an einen ehemaligen Besitz der Fugger.

Der Blick über die Wörnitz auf Munningen und auf die katholische Pfarrkirche St. Peter und Paul.

13 Kilometer nordöstlich von Wallerstein (nur rund drei Kilometer südlich von Oettingen) liegt das – in dreifacher Hinsicht sehr interessante – Dorf **Munningen** am

Der schiefe Kirchturm von Munningen: Der Unterbau aus dem 13. Jahrhundert weicht nach Westen hin massiv von der Senkrechten ab.

In vielen Flussschleifen windet sich die Wörnitz durch ihr Tal bei Oettingen und Munningen.

westlichen Ufer der Wörnitz. Dort erinnern eine Spolie und eine Informationstafel am nördlichen Ortsrand (an einem Fahrradweg, von der Straße aus gesehen jedoch hinter einer dichten Hecke) an das römische Kastell Losodica. Dieses um 90 nach Christus nahe dem Limes errichtete Militärlager wurde spätestens um das Jahr 110 wieder aufgegeben. Dennoch ist es der Ursprung dieses 1265 erstmals beurkundeten Dorfes, das in den Besitz zweier Linien des Hauses Oettingen kam: Dass eine Linie katholisch blieb, die andere protestantisch wurde, spaltete auch Munningen konfessionell: Im Ort gibt es eine katholische und eine protestantische Kirche.

Ein Wahrzeichen des gesamten Ortes ist aber zweifellos der Turm der katholischen Pfarrkirche St. Peter und Paul: Der „schiefe Turm von Munningen" weicht fast anderthalb Meter von der Senkrechten nach Westen ab, wohl eine Folge des lockeren sandigen Bodens im Wörnitztal. Nur aufwendige Sanierungsarbeiten konnten ein weiteres Kippen des Turmes aufhalten. Neben der mit bunt glasierten Ziegeln gedeckten Haube dieses Kirchturmes brütet eines der im Wörnitztal nicht seltenen Storchenpaare im Nest auf einem Schornstein Nachwuchs aus.

Der Dorfkern des Munninger Ortsteils Schwörsheim spiegelt sich im zentralen Dorfweiher.

Während sich Munningens Ortsbild (von Osten gesehen) in der Wörnitz spiegelt, spiegelt sich das Dorfzentrum in seinem Ortsteil **Schwörsheim** im dortigen Dorfweiher.

In der evangelischen Kirche St. Mauritius in Wechingen hängen Porträtgemälde Luthers und Melanchthons beiderseits der barocken Kanzel.

Ungefähr drei Kilometer südlich von Schwörsheim liegt **Wechingen**: Auch in der 1738 errichteten Pfarrkirche St. Mauritius zeigt beiderseits der Kanzel je ein Porträt Martin Luthers beziehungsweise Philipp Melanchthons, dass sich auch in diesem Ort des Territoriums der Grafen von Oettingen die Reformation durchgesetzt hat. Auch im Ortsteil **Holzkirchen** (zwei Kilometer weiter südlich) steht eine evangelische Pfarrkirche. Das Dorf liegt westlich der Wörnitz, die Kirche St. Peter und Paul dagegen weit außerhalb dieses Ortes und überdies sogar östlich dieses Flusses. Die nah am Wörnitzufer errichtete Kirche stammt im Kern aus dem 12. Jahrhundert. Wegen seiner Alleinlage dürfte dieser von einer Friedhofsmauer mit einem Torhäuschen geschützte Sakralbau zwar nicht oft zugänglich sein. Ihre idyllische Lage macht den Weg zu dieser kleinen evangelischen Kirche dennoch lohnend.

Westlich von Wechingen – in einem gedachten Dreieck zwischen der Wörnitz und den beiden Residenzorten Oettingen und Wallerstein – stößt man auf einige der „typischen" Rieser Dorfkirchen. Typisch, weil ihre untersetzt wirkenden Kirchtürme darauf hinweisen, dass die

Der Wechinger Ortsteil Holzkirchen liegt westlich der Wörnitz. Die im Kern mittelalterliche Dorfkirche steht aber in Alleinlage östlich des Flusses.

In St. Gallus in Dürrenzimmern findet man ein gotisches Christusrelief im Chor. Außergewöhnlich ist die Darstellung des böhmischen Reformators Jan Hus in den Malereien der Emporenbrüstung.

Anfänge dieser Sakralbauten – wie im Ries vielerorts zu beobachten – in romanischen Chorturmkirchen zu suchen sind. Solche stämmigen, meist bestens erkennbar erst später aufgestockten Kirchtürme sieht man hier in den Orten **Pfäfflingen**, **Dürrenzimmern** und **Löpsingen** (diese Dörfer sind Stadtteile von **Nördlingen**) sowie im Wallersteiner Ortsteil **Ehringen**. Derartige Dorfkirchen gehören zwar nicht zu den großen Höhepunkten des Rieses, sie beherbergen zum Teil jedoch kunsthistorisch bedeutende Denkmäler: So entdeckt man im Chor von St. Gallus in Dürrenzimmern das steinerne Relief eines Christuskopfes (um 1470) und am Altar ein Kruzifix aus der Zeit um 1450. Aus dem Rahmen fällt die Abbildung des Reformators Jan Hus, den die (jüngere) Malerei an der Emporenbrüstung neben Luther und Melanchthon, Christus, den Aposteln und Propheten zeigt. Und das gotische Gewölbe im Chor von St. Michael in Löpsingen zieren Fragmente noch vor 1500 entstandener Fresken.

Wie die meisten evangelischen Kirchen zumeist versperrt und nur bei Gottesdiensten oder auf Anfrage zugäng-

Relikte der spätgotischen Deckenmalerei im Chor von St. Michael im Nördlinger Stadtteil Löpsingen.

lich ist auch die Kirche in **Klosterzimmern** (jeweils sieben Kilometer östlich von Wallerstein und von Nördlingen gelegen). Die frühere Zisterzienserinnenklosterkirche

Nur von außen ist das Bauwerk der ehemaligen Klosterkirche Heilig Kreuz und Maria im heutigen Deininger Ortsteil Klosterzimmern zu besichtigen.

Die ehemalige Klosterkirche in Klosterzimmern ist nur bei Gottesdiensten öffentlich zugänglich.

Heilig Kreuz und Maria war dort der Mittelpunkt eines 1599 aufgehobenen Klosters. Die ab etwa 1255 erbaute Kirche war ursprünglich eine dreischiffige Pfeilerbasilika: Ihre Seitenschiffe wurden aber abgetragen, die Arkaden entlang des Mittelschiffes zugemauert. Dennoch ist die einsam in der Riesebene stehende Kirche ein Architekturjuwel, das etliche mittelalterliche Baudetails und Grabsteine birgt. Das Gut Klosterzimmern, das bis zum Jahr 2000 im Besitz der Fürsten von Oettingen-Wallerstein war, wurde jüngst an einen Landwirt weiterverkauft.

Weitere Geotope im Geopark Ries

- **Hausen** Am nordöstlichen Rand dieses Fremdinger Ortsteils liegt (am Sportplatz) eine durch den Impakt parautochthone (verkippte) Malmkalkscholle über Doggersandstein (www.geopark-ries.de → Hausen).
- **Marktoffingen** Fossilführende Riesseekalkkuppen auf dem Ulrichsberg zwischen Marktoffingen und Maihingen prägen die von buckligen Felsen durchzogene Landschaft, die sich hier über die gesamte Hochfläche erstreckt (www.geopark-ries.de → Riesseekalk Kuppen Ulrichsberg).

Gut zu wissen – Tourismustipps zum Geopark Ries

- **Tourist-Info Oettingen** Auskünfte und Broschüren gibt es bei der Tourist-Information Oettingen i. Bay., Schloßstraße 36, 86732 Oettingen i. Bay., Telefon 0 90 82/7 09-52, tourist-information@oettingen.de, www.oettingen.de → Tourismus.
- **Tourismus in Wallerstein** Die Marktgemeinde informiert unter www.wallerstein.de → Tourismus zur Bedeutung des „Wallersteins" (sogar mit einer Abbildung der zerstörten Burg) und zum nicht zugänglichen Neuen Schloss.
- **Informationen zum Ferienland Donau-Ries** Zu den Sehenswürdigkeiten um Oettingen, Wallerstein und Nördlingen informiert auch das Ferienland Donau-Ries, Pflegstraße 2, 86609 Donauwörth, unter Telefon 09 06/74-2 11 und info@ferienland-donau-ries.de sowie im Internet unter www.ferienland-donau-ries.de.
- **Geopark-Infozentrum** Das Oettinger Geopark-Infozentrum findet man im Rathaus (Schloßstraße 36).
- **Schlossführungen in Oettingen** Zu den Führungen durch das sehenswerte barocke Schloss in Oettingen informiert www.oettingen-spielberg.de → Schlossführungen.
- **Oettinger Residenzkonzerte** Zu den Konzertterminen und zu den Schlossführungen informiert auch die Internetseite www.oettinger-residenzkonzerte.de. Auskünfte werden per Telefon 0 90 82/96 94-24 (kanzlei@oettingen-spielberg.de) erteilt.
- **Museum in Maihingen** Informationen zum Museum „KulturLand Ries" sowie zu den dortigen Veranstaltungen: www.bezirk-schwaben.de → Museum KulturLand Ries und www.maihingen.de → Rieser Bauernmuseum.
- **Ausgezeichnetes Heimatmuseum** Im Jahr 2018 ging der Schwäbische Museumspreis an das Heimatmuseum in Oettingen (Hofgasse 14). Informationen zu diesem Museum: Telefon 0 90 82/23 15, heimatmuseum@oettingen.de und www.heimatmuseum-oettingen.de.
- **Jakobuspilgerweg** Oettingen liegt am Weitwanderweg, der einer der Routen der mittelalterlichen Jakobspilger durch Schwaben folgt (www.oettingen.de → Jakobsweg).
- **Wörnitzradweg** Diese 107 Kilometer lange Radtour führt über Oettingen, Munningen und Wechingen durch das Wörnitztal bis nach Donauwörth (www.woernitzradweg.de).

Zeugenberge im württembergischen Ries

Unterm Ipf, Blasienberg und Goldberg

Altenbürg
Aufhausen
Bopfingen
Flochberg
Goldburghausen
Härtsfeldhausen
Kirchheim am Ries
Nähermemmingen
Nördlingen
Oberdorf am Ipf
Pflaumloch
Schloßberg
Trochtelfingen
Utzmemmingen

Das Alte Rathaus (links) von Bopfingen – eine Stadt im württembergischen Ostalbkreis – wurde Ende des 16. Jahrhunderts errichtet.

Hohe Zeugenberge – und eine Burgruine hoch über einer ehemaligen Reichsstadt

Was für Berlin das Brandenburger Tor ist oder für München die Frauenkirche, ist für das württembergische Bopfingen der Ipf. Eine derart imposante Landmarke haben nur wenige Städte zu bieten – die von Bopfingen ist fast überall im Ries zu sehen. Der Ipf sowie der Blasienberg sind landschaftsprägende Zeugenberge am westlichen Riesrand, in ihrer Nachbarschaft erhebt sich der Goldberg. Kelten, Römer, Staufer, Klosterstifter, Äbtissinnen und jüdischen Gemeinden haben hier Spuren hinterlassen.

Um stolze 200 Meter überragt der Gipfel des 668 Meter hohen Ipf die württembergische Stadt **Bopfingen**. Dieser Zeugenberg am westlichen Riesrand war früh – in der späten Bronzezeit und frühen Eisenzeit – besiedelt. Auf dem Ipf entwickelte sich ein frühkeltischer Fürstensitz, und beim Ipf errichteten die Römer im (heutigen) Stadtgebiet von Bopfingen ihr Kastell Opie (dieser Name

Der Ipf von Bopfingen aus gesehen: Der Zeugenberg am Riesrand überragt die württembergische Stadt um rund 200 Höhenmeter.

könnte „Ipf" bedeuten), wo am Ende vier Römerstraßen aufeinandertrafen. Die strategisch günstige Lage im Tal der Eger, dem westlichen „Tor" zum Riesbecken, führte um das Jahr 500 zu einer alamannischen Ansiedlung: Sie wurde im 8. Jahrhundert zu einem Marktort, der wegen seiner Befestigung ab 1153 als Stadt galt, in den Besitz der Staufer kam und schon 1242 zur Reichsstadt wurde. Bopfingen weckte auch später Begehrlichkeiten: Als die Stadt ihre Reichsfreiheit verlor, kam sie 1802 an Bayern, ehe sie im Jahr 1810 schlussendlich an Württemberg fiel. Ab diesem Zeitpunkt gehörte Bopfingen (bis 1938) zum Oberamt Neresheim, danach zum Landkreis Aalen, und seit 1973 ist es eine Stadt im Ostalbkreis.

Die Bedeutung Bopfingens im Mittelalter wird im Stadtzentrum auf engstem Raum – am Marktplatz sowie am angrenzenden Kirchplatz – erkennbar. Am Marktplatz steht das Alte Rathaus, ein typischer schwäbischer Fachwerkbau mit untypischem Uhrengiebel. Vor dem benachbarten Amtshaus unterstreicht der erst 1789 aufgestellte Marktbrunnen, den eine Figur des Wassergottes Neptun und das Stadtwappen zieren, das Bopfinger Marktrecht.

Bopfingens Stadtmauer erinnert an vergangene Reichsstadtzeiten. Im Hintergrund ragt der Turm der gotischen Kirche St. Blasius empor.

Zwischen der evangelischen Stadtkirche St. Blasius auf dem Kirchplatz und einem Stadtmauerabschnitt an der Vorderen Pfarrgasse wurde 2014 die Stauferstele eingeweiht, die Bopfingens Rolle in der Stauferzeit und eine Schlacht im heutigen Stadtteil **Flochberg** im Jahr 1150 bezeugt. Die Ruine Flochberg – die Burg war Besitz der Staufer – erinnert an den Sieg des ersten Stauferkönigs Konrad III. (der von 1138 bis 1152 Deutschland, Italien und Burgund regierte) über Herzog Welf VI. Die Welfen herrschten lange über die Herzogtümer Sachsen und Baiern. Mit den Staufern konkurrierten sie um die Krone des Reiches. Insgesamt 38 Stauferstelen wurden zwischen Sizilien und den Niederlanden aufgestellt: Im Geopark Ries steht eine zweite Stele bei der Ruine Niederhaus.

Die Stadtkirche St. Blasius entstand über einem romanischen Vorgängerbau aus dem 12. Jahrhundert. Das Kirchenschiff und der Chor wurden um 1470 erbaut. Der im 14. Jahrhundert errichtete quadratische Unterbau des Turmes wurde 1613 mit einem Oktogon aufgestockt. Als bedeutendstes Stück der Ausstattung gilt der 1472 vollendete spätgotische Flügelaltar aus der Werkstatt

In St. Blasius ist der 1472 vollendete Flügelaltar des Nördlinger Malers Friedrich Herlin zu sehen. Die Grabplatte des Ritters von Bopfingen ist eine meisterliche Bildhauerarbeit aus der Zeit um 1340.

des Nördlinger Malers Friedrich Herlin. Die Außenseiten des Flügelaltars (nur im geschlossenen Zustand sichtbar) stellen Blasius als Bischof sowie sein Martyrium dar. Im dreiteiligen Altarschrein zeigt (links) eine Schnitzfigur diesen Heiligen: Der Bischof und Märtyrer – der unter anderem als Schutzpatron gegen Halsleiden gilt – hält einem Kind die Hand an den Mund. Die Wandmalereien stammen teils aus dem 14. Jahrhundert, der Taufstein und das Sakramentshäuschen aus grauem Keuper aus der Zeit um 1510. Eine meisterhafte Bildhauerarbeit ist das Rotmarmorepitaph des (liegend in Rüstung dargestellten) 1525 verstorbenen Georg von Emershofen, der 1510 der Stallmeister Kaiser Maximilians I. gewesen war. Beeindruckend ist die Grabplatte (um 1340) eines Ritters von Bopfingen: Diese fast vollplastisch gearbeitete feingliedrige Figur – gerüstet mit Kettenhemd, Helm, Schild, Langschwert und Dolch – steht auf einem Löwen.

Ritterromantik verströmt auch die Burgruine Flochberg hoch über Bopfingen. Schon im 12. Jahrhundert stand eine weithin sichtbare Burg auf dem 579 Meter hohen

Malerische Ruine hoch über Flochberg: Die Burg war einst im Besitz der Staufer. Kurz vor Ende des Dreißigjährigen Kriegs wurde die Festung zerstört.

Kalksteinkegel. Die zwischenzeitlich wohl zerstörte Burg wurde nach 1330 von den Grafen von Oettingen wieder aufgebaut und zum Sitz von Oettinger Vögten. 1547 –

Eine äußerst markante Silhouette: Die Burgruine Flochberg steht südlich des Tals der Eger.

Ein Sakralbau mit außergewöhnlicher Geschichte: die Wallfahrtskirche St. Maria in Flochberg.

während des Schmalkaldischen Kriegs – machte Kaiser Karl V. auf Burg Flochberg Station. Die von Kaiserlichen verteidigte Burg wurde 1648, in den letzten Monaten des Dreißigjährigen Kriegs, von schwedischen Truppen erobert und dabei in Teilen zerstört. Der heutige Stadtteil **Schloßberg** entstand, als die Grafen von Oettingen 1689 den Grund am Hang des Burghügels in Parzellen an Siedler – „meist Hausierer und fahrendes Volk" – veräußerten: Diese nutzten die Mauern der Burg als Steinbruch. Mit der Ruine verbindet sich auch eine Lokalsage von einem Schatz unter den Mauerresten, der von einem „Schlüsselfräulein" und einem Höllenhund bewacht wird.

Als ein Kind im heutigen Bopfinger Stadtteil Flochberg eine „Erscheinung" hatte, wurde dort 1613 eine Kapelle errichtet, die zum Ziel einer Wallfahrt wurde. An ihrer Stelle ließ Graf Johann Karl Friedrich von Oettingen-Wallerstein ab 1741 eine Kirche bauen, die erst 1746 – zwei Jahre nach seinem Tod – fertiggestellt wurde. Der Grundriss der Wallfahrtskirche „Unserer lieben Frau vom Roggenacker" nimmt die Form eines griechischen Kreuzes auf. Die mächtigen Ausmaße dieses Sakralbaus mit 30 Metern Länge und 19 Metern Breite sowie einer

Flachkuppel, die den Hauptraum bis zu 15 Meter hoch überwölbt, gingen ins Geld. 1751 wurden die Arbeiten an der Wallfahrtskirche St. Maria eingestellt. Die neubarocke Ausstattung der Kirche stammt darum kurioserweise aus den 1920er Jahren, und der barockisierende Dachreiter wurde sogar erst im Jahr 1971 aufgesetzt. Das Gnadenbild der „Maria vom Roggenacker" entstand immerhin schon Ende des 16. Jahrhunderts.

Eine „Pilgerstätte" für Wanderer ist der Ipf, der sich nördlich, auf der entgegengesetzten Seite des Flusstals der kleinen Eger, am Ortsrand des Bopfinger Stadtteils **Oberdorf am Ipf** erhebt. Das liegt zum Ersten an der in der Tat spektakulären Aussicht vom Gipfel der höchsten Erhebung im Ries. Zum Zweiten ist der Ipf eines der bedeutendsten archäologischen Denkmäler in der Region: Die Wälle um die von Menschen eingeebneten Plateaus eines keltischen Fürstensitzes auf diesem Zeugenberg zählen zu den am besten erhaltenen vorgeschichtlichen Befestigungen ganz Süddeutschlands. Und zum Dritten hat man 2015 eine Freilichtanlage am Fuß des Ipf eröffnet, für die Bauten eines keltischen Fürstenhofs rekon-

Auf dem Ipf lag ein frühkeltischer Fürstensitz. Dazu informiert heute eine Freilichtanlage mit Rekonstruktionen keltischer Bauwerke.

St. Georg in Oberdorf am Ipf war das Ziel einer Wallfahrt: 1463 wurde dieser Sakralbau erstmals erwähnt. Im Hintergrund ist der Ipf zu sehen.

struiert wurden: Die „Keltenwelt am Ipf" veranschaulicht, wie Menschen vor rund 2500 Jahren dort gelebt und gebaut haben. In den bis heute sichtbaren Wällen am Ipf verbergen sich in der Zeit von 1000 bis 400 vor Christus errichtete Pfostenschlitzmauern. Ein Abschnitt einer solchen – für frühe Kelten typischen – begehbaren Wehrmauer samt davor liegendem Graben wurde für die Freilichtanlage nachgebaut. Unweit eines Informationspavillons steht zudem ein aus Holz und Lehm errichtetes keltisches Herrenhaus mit den Außenmaßen von 15 auf 15 Metern und einer Firsthöhe von zwölf Metern. Diese Bauwerke sind jederzeit zugänglich. Den Parkplatz an der Ostseite des Ipf erreicht man über die L 1078.

Mit rund 12 000 Einwohnern ist Bopfingen nicht groß. Doch in die ehemalige Reichsstadt wurden seit 1970 neben Flochberg, Schloßberg und Oberdorf am Ipf noch fünf andere Dörfer eingemeindet, weshalb eine ansehnliche Zahl weiterer sehenswerter Ziele im Stadtgebiet liegt. Drei dieser Ziele befinden sich in Oberdorf am Ipf: Erstens die markante gotische Kirche St. Georg, zu der vormals eine Wallfahrt führte. Zweitens die bis 1812 er-

Die Synagoge in Oberdorf am Ipf wurde bis zum Jahr 1812 errichtet. Heute beherbergt dieser Bau eine Gedenk- und Begegnungsstätte.

richtete ehemalige Synagoge, die heute eine Gedenk- und Begegnungsstätte beherbergt. Und auch das dritte Ziel erinnert an die bis 1939/40 existierende jüdische Gemeinde von Oberdorf am Ipf: Auf dem 1824 angelegten Judenfriedhof, der (einst am Ortsrand platziert) längst von einem Neubaugebiet umgeben an der Karksteinstraße zu finden ist, stehen mehr als 450 Grabsteine.

Diese Straße ist nach einem mal Karkstein, mal Kargstein geschriebenen Höhenrücken westlich des Ipf benannt. Die tatsächlich nur „karg" bewachsene, langgestreckte „Mondlandschaft" (so die Beschreibung eines begeisterten Wanderers) liegt in den Grenzen eines Naturschutzgebiets zwischen Oberdorf am Ipf sowie dem westlich davon gelegenen Bopfinger Stadtteil **Aufhausen**. Dort erinnert der wohl bald nach 1560 angelegte Judenfriedhof am Fuß des Schlossberges mit 363 Grabsteinen an die in der NS-Zeit untergegangene jüdische Gemeinde. Dieser von hohen Bäumen bestandene Friedhof liegt bei der Bahnlinie an der Schenkensteinstraße, wo er an den christlichen Friedhof sowie an den Wald angrenzt. Auf dem 573 Meter hohen Schlossberg steht die Burgruine

Markanter Zeugenberg und Sitz eines keltischen Fürsten: der 668 Meter hohe Ipf über Bopfingen.

Der Hausberg von Bopfingen – der Ipf, ein Zeugenberg und der Sitz eines Keltenfürsten

Der Ipf ist 668 Meter hoch: Ihr Hausberg überragt die Stadt Bopfingen um ziemlich exakt 200 Meter. Seine markante Form sieht man von fast überall im Ries, und vom Gipfelplateau aus sieht man fast alles im Ries sowie in der angrenzenden Ostalb: angeblich 99 Ortschaften und die Alpen (die aber nur bei sehr klarer Sicht). Der Ipf ist ein Zeugenberg – eine Erhebung, die im Lauf von Jahrmillionen aus weniger erosionsresistenten Ablagerungen herausmodelliert wurde. Im umgebenden älteren Kalkgestein aus dem Mitteljura bildet 150 Millionen Jahre alter Malmkalk (Oberjura) die Kuppe dieses östlichsten Ausläufers der Schwäbischen Alb. Der Ipf, der zwei Kilometer westlich des Kraterrandes liegt, ist aber nicht nur wegen seiner Höhe und Form derart prominent: Auf seinem Gipfelplateau sind auch die Relikte eines frühkeltischen Fürstensitzes zu finden.

· Bopfingen, Parkplätze bei der „Keltenwelt am Ipf" am Fuß des Ipf, Zufahrt über die Kirchheimer Straße (L 1078)
· www.geopark-ries.de → Ipf
· www.geopark-ries.de → Archäologischer Weg Ipf

Der Friedhof in Oberdorf am Ipf erinnert an die hier bis 1939/40 bestehende jüdische Gemeinde.

Schenkenstein: Diese Burg wurde 1525 im Bauernkrieg erstürmt. Unterhalb der zerstörten und aufgegebenen Festung gestatteten die Herren von Schenkenstein die

Der Kargstein (auch: Karkstein) erstreckt sich westlich des Ipf zwischen den Bopfinger Stadtteilen Oberdorf am Ipf und Aufhausen.

Hoch über Aufhausen steht die romantische Ruine der zerstörten Burg Schenkenstein.

Anlage des jüdischen Friedhofs. Mauerreste des Bergfrieds, des Palas sowie der Wehrmauern sind erhalten. 1872 wurde notiert, dass der „stattliche Berfrid" wegen

Im Bopfinger Stadtteil Aufhausen – unterhalb des Burghügels und der Ruine Schenkenstein – liegt am Waldrand der jüdische Friedhof.

Die weithin sichtbare frühgotische Kirche des Klosters Mariä Himmelfahrt in Kirchheim am Ries.

des benachbarten Judenfriedhofs oft als „Judenthurm“ bezeichnet worden sei. Auch die jüdische Landgemeinde in Aufhausen entstand nach der Ausweisung der Juden aus den Städten Nördlingen und Bopfingen. Sie wurden vom Territorialherrn (gegen Abgaben) als „Schutzjuden“ aufgenommen. In Aufhausen soll die jüdische Gemeinde rund die Hälfte der Bevölkerung ausgemacht haben. Die letzte Beisetzung auf ihrem Friedhof fand 1940 statt. Die Burgruine hatte Eugen Fürst zu Oettingen-Wallerstein 1931 der Kommune geschenkt. Bei Aufhausen entspringt die Eger: Das ehemalige Mühlenflüsschen durchfließt das Bopfinger Stadtgebiet von Westen nach Osten und erreicht bald darauf Nördlingen.

Östlich von Oberdorf am Ipf und Aufhausen sowie fünf Kilometer nordöstlich der Altstadt von Bopfingen liegt **Kirchheim am Ries**. Obwohl diese kleine Gemeinde am Fuß des Blasienberges nur knapp 2000 Einwohner zählt, findet sich hier einer der wohl bedeutendsten Denkmalkomplexe im Ries, der nicht zuletzt die Bedeutung der Grafen von Oettingen für diese Region aufzeigt. Eine Legende um Graf Ludwig III. von Oettingen steht am Anfang der Geschichte des Zisterzienserinnenklosters in

Die heutige Stiftskapelle war die 1267 geweihte erste Kirche eines Zisterzienserinnenklosters.

Kirchheim am Ries: Als er bei einem Jagdritt nahe dem Ort in ein sumpfiges Gelände geriet, habe er voll Todesangst die Gründung des Klosters gelobt. 1267 gründete der Graf das Kloster Mariä Himmelfahrt als Hauskloster und Grablege. Der Stiftungsbrief wurde 1270 in Wallerstein unterzeichnet. Auch in der Folge blieben Grafen von Oettingen beziehungsweise Grafen und Fürsten der Linie Oettingen-Wallerstein für das Kloster und den Ort bestimmend, einmal mehr spaltete die Reformation ein Rieser Dorf: Graf Ludwig XV. von Oettingen-Oettingen und sein Sohn Graf Ludwig XVI., Vertreter der seit 1539 protestantischen Linie des Hauses, führten in Kirchheim ab 1543 die Reformation ein. Das von den katholischen Grafen Wolfgang I. und Martin von Oettingen-Wallerstein unterstützte Kloster blieb dem alten Glauben treu.

Als das Kloster im Zuge der Säkularisation im Jahr 1802 aufgehoben wurde, fiel sein Besitz an das Fürstenhaus Oettingen-Wallerstein. Nach dem Ableben der letzten Zisterzienserin im Jahr 1858 wurden 1870 große Teile der Klostergebäude abgebrochen. Die einstige Klosterkirche Mariä Himmelfahrt war bereits 1817 zur katholischen Pfarrkirche geworden. 1948 übereignete Eugen Fürst

Im Frauenchor des Kirchheimer Klosters steht das Doppelgrab der 1403 verstorbenen Äbtissin Kunigunde von Heideck und ihrer Schwester.

von Oettingen-Wallerstein die Kirche und das Kloster, die Ökonomiebauten, das Pfarrhaus und den südlichen Klostergarten der Gemeinde Kirchheim am Ries.

Farbenfrohe Malereien zieren die Wände des frühgotischen Frauenchors im Kloster Kirchheim.

Das spätgotische Altarziborium, Fresken und Epitaphe in der Stephanskapelle des Klosters.

Das Kloster Mariä Himmelfahrt ist von außen jederzeit, das Innere im Rahmen von Führungen zu besichtigen – quasi eine Stippvisite in eine mittelalterliche Welt. Für

In der Stephanskapelle: Epitaphe der Äbtissinnen Anna von Wöllwart (von 1545 bis 1553, links), und Magdalena von Oettingen (1505 bis 1535).

die erste Klosterkirche, die heutige Stiftskapelle, ist das Jahr der Weihe (1267) überliefert. Der darüberliegende Frauenchor war der erste Kapitelsaal des Klosters. Dort steht zwischen den – kurz vor 1400 mit Aposteln und Heiligen bemalten – Wänden das Hochgrab der 1403 verstorbenen Äbtissin Kunigunde von Heideck und ihrer 1399 verschiedenen Schwester Anna: Die gemeinsame Tumba stellt beide als Liegefiguren im Halbrelief dar.

Der Weg in die um 1300 fertiggestellte Kirche Mariä Himmelfahrt führt durch die Stephanskapelle und dort unter dem spätgotischen Altarziborium hindurch. Neben den Säulen dieses bemalten Baldachins sieht man linker Hand die Epitaphe von Äbtissinnen, darunter jenes der Gräfin Magdalena von Oettingen, die diesem Kloster von 1505 bis 1535 vorstand. Weitere mittelalterliche Epitaphe überliefern die Geschichte dieses Klosters und seiner Verbindungen zu den Grafen von Oettingen. Am Ziborium steht rechter Hand ein Epitaph: Es zeigt den 1423 verstorbenen Grafen Friedrich III. von Oettingen und seine Frau kniend unter einer Kreuzigungsszene. Die beeindruckendsten Epitaphe entdeckt man hinter

Das Epitaph für Graf Friedrich III. von Oettingen und seine Frau in der Stephanskapelle (rechts) und das Epitaph für Ludwig XI. von Oettingen im Chor.

Zwei mittelalterliche Stiftergedenksteine im Chor zeigen (nicht bekannte) Angehörige des Hauses Oettingen jeweils mit einem Kirchenmodell.

dem barocken Hochaltar im Chor dieser Kirche – zwei farbig bemalte, beinahe vollfigürlich gearbeitete Reliefs in Lebensgröße, die einen Ritter und eine Adelige mit je einem Kirchenmodell in den Händen verkörpern. Man geht davon aus, dass diese mit 1353 beziehungsweise 1358 datierten Steinmetzarbeiten die Stifterfamilie der Grafen Oettingen repräsentieren sollen. Diese Epitaphe, die ursprünglich wohl Truhengräber abdeckten, wurden 1662 in die Wand des Alterraums eingelassen. Neben diesen beiden Grabmälern zeigt rechts davon ein farbig gefasstes Epitaph eine historisch bestens überlieferte Persönlichkeit: Der Stein stellt den 1440 verstorbenen Grafen Ludwig XI. von Oettingen fast lebensgroß mit Langschwert, im Kettenhemd und mit langem Barthaar dar. Graf Ludwig, genannt „im Barte“, ist ein herausragendes Mitglied des Adelshauses: Er diente Kaiser Sigismund mehr als 20 Jahre lang als Haushofmeister.

Der 1756 gefertigte Hochaltar sowie die beiden bereits 1662 geschaffenen Seitenältare in der barockisierten Kirche stammen wie der Rokokoaltar in der angrenzenden spätgotischen Münsterkapelle aus Werkstätten des

Eine spätgotische Madonna ist das Gnadenbild in dem 1756 im Stil des Rokokos gestalteten Hochaltar der Klosterkirche in Kirchheim im Ries.

Klosters Kaisheim. Den Hochaltar ziert eine spätgotische Mondsichelmadonna. Im barocken Umfeld stechen eine spätgotische Marienkrönung, das Relikt eines Schnitzaltars (um 1500), und die spätgotische, farbig gefasste Schnitzfigur einer „Anna selbdritt" in einem barock verschnörkelten Rahmen (der zehn Heilige zeigt) hervor.

Auch der Weg um die Kirche und um die Klosterbauten lohnt sich. Der Klostergarten ermöglicht einen weiten Blick ins Ries und auf den Blasienberg. Am Hang vor der Südfassade der gotischen Kirche wird seit einiger Zeit Wein angebaut. Der Weg vom Ort in die ausgedehnte Klosteranlage führt durch einen barocken Torturm von 1724. An beiden Fronten des viergeschossigen Baus mit jeweils drei Bogennischen stehen Figuren der Madonna (an der Seite zur Langestraße) sowie von Heiligen.

Die kleine, wohl noch vor 1300 errichtete evangelische Kirche St. Jakob findet man nah beim Kloster. Östlich des Klosters steht die vor 1250 erbaute Martinskapelle. Bei der Renovierung dieser Kapelle – sie ist heute die Kirche des evangelischen Friedhofs – fand man 1981 im

Etwas mehr als 600 Meter hoch erhebt sich der Blasienberg über Kirchheim am Ries.

Der Blasienberg über Kirchheim am Ries: Aussichtspunkt, Naturschutzgebiet, Skipiste

Der auch Blasenberg genannte Blasienberg ist ein mehr als 40 Hektar großes Naturschutzgebiet am westlichen Kraterrand hoch über Kirchheim am Ries. Ein größerer, teilverfüllter Aufschluss am Westhang lässt autochthone (also vor Ort entstandene) Kalke erkennen. Allochthone (ortsfremde) Kalke zeigt der kleinere Aufschluss einer Abbruchwand am Osthang. Vom Blasienberg aus schaut man auf den westlich benachbarten Ipf, aber auch bis nach Wemding, zum Hesselberg und zum Hahnenkamm. Wenn hier ausreichend Schnee liegt, startet an Wochenenden sogar der Liftbetrieb einer Skipiste.

· Kirchheim am Ries, Parkplätze beim westlichen Ortsrand am nordöstlichen Fuß des Blasienberges, kurz nach der Abzweigung von der Landstraße (L 1078) in Richtung Bopfingen
· www.geopark-ries.de → Steinbruch Blasienberg
· www.geopark-ries.de → Aufschluss Blasienberg Ost
· www.geopark-ries.de → Aufschluss Blasienberg Ost II
· Informationen zum Skifahren in Kirchheim am Ries erhält man unter www.ries-ostalb.de → Skilift St. Blasienberg.

Der barocke Torturm mit Heiligenfiguren, der Eingang zum Klosterbezirk, wurde 1724 vollendet.

spätgotischen Unterbau des Altars einen auf den Kopf gestellten römischen Inschriftenstein mit gut lesbarer Weiheinschrift. Diese in der Kapelle St. Martin verbaute, freigelegte römische Spolie trägt die Altarplatte.

Ein auf den Kopf gestellter römischer Inschriftenstein am Altar von St. Martin in Kirchheim.

Unweit des Klosterareals in Kirchheim am Ries steht die kleine evangelische Jakobuskirche.

Rund zwei Kilometer östlich von Kirchheim am Ries liegt der Goldberg, der dem Ort **Goldburghausen** den Namen gab. Der 512 Meter hohe Goldberg ist neben dem Ipf

Der Unterbau des Turmes der Kirche St. Michael in Goldburghausen ist das Relikt der romanischen Chorturmkirche aus dem 12. Jahrhundert.

Am Goldberg gab es zwar kein Gold, doch schon in prähistorischer Zeit wurde dort gesiedelt.

und dem Blasienberg die dritte landschaftsprägende, weithin sichtbare Erhebung am westlichen Riesrand. Der weite Blick vom dortigen Landschaftsschutzgebiet

Vom Naturschutzgebiet um den Goldberg (im Bild oben rechts) aus genießt man einen weiten Panoramablick über das Riesbecken.

Der Goldberg fällt an drei Seiten steil zur Riesebene hin ab. Der aufgelassene Steinbruch wurde 1972 als Naturschutzgebiet ausgewiesen.

Der Goldberg: ein Relikt des Riessees, seltene Bienen und vier prähistorische Siedlungen

Der Goldberg – ein markantes Relikt des Riessees am westlichen Kraterrand – überragt die dortige Riesebene um mehr als 60 Meter. Das nahezu ebene Plateau auf dieser ungefähr 250 Meter langen und rund 150 Meter breiten Anhöhe fällt nach Süden, Osten und Norden hin steil ab. Mit dem westlich gelegenen Höhenzug verbindet ihn ein flacher Sattel. Seinen Namen hat der Goldberg wohl nicht vom goldgelben Gestein der Travertine und Algenkalke im einstigen Riessee, das hier abgebaut wurde – er ist wohl vermutlich das Ergebnis einer Sprachverschleifung. Der Goldberg wurde während der Jungsteinzeit und der Eisenzeit viermal besiedelt. Nicht nur für die Archäologie, sondern auch für den Artenschutz ist das dortige 32 Hektar große Naturschutzgebiet bedeutend: Am Goldberg kommt die in Deutschland seltene Schwarze Mörtelbiene vor.

- Goldburghausen, Parkplätze am Fuß des Goldberges an der Goldburghauser Straße in Richtung Pflaumloch
- www.geopark-ries.de → Steinbruch Goldberg

Das Rathaus der Gemeinde Riesbürg in Pflaumloch: Das Gebäude diente bis 1907 als Synagoge.

auf das Riesbecken lohnt den Aufstieg. Das Goldbergmuseum im Alten Rathaus in Goldburghausen informiert über die frühe Besiedlung dieses Hügels aus Riesseekalk ab der Zeit um 4000 vor Christus. Goldburghausen ist keine selbstständige Gemeinde mehr, sondern bildet seit 1972 mit den Orten **Pflaumloch** und **Utzmemmingen** die württembergische Gemeinde Riesbürg. Der Name Riesbürg ist eine Neuschöpfung – einen gewachsenen Ort dieses Namens gibt es nicht. Doch dafür ist die Kommune heute die einzige, die das Ries im Namen trägt.

In Pflaumloch stößt man erneut auf die Spuren einer jüdischen Gemeinde: Auch hier liegt der jüdische Friedhof direkt neben dem christlichen. Die bis 1846 gebaute ehemalige Synagoge diente als Rathaus und ist heute der Verwaltungssitz der Gemeinde Riesbürg. Als sich die Jüdische Gemeinde von Pflaumloch 1906 auflöste, übergab sie das Bauwerk 1907 an die damalige Gemeinde Pflaumloch. Im Chor der nahen, ebenfalls an der Hauptstraße gelegenen katholischen Pfarrkirche St. Leonhard sieht man Wandmalereien aus der Zeit um 1500, die unter anderem Kirchenväter und Evangelistensymbole abbilden. Utzmemmingen hat 1972 das Prädikat eines

Der jüdische Friedhof von Pflaumloch. Bis in die Zeit des Nationalsozialismus existierten in anderen Orten im Ries noch etliche jüdische Gemeinden.

Jüdische Gemeinden im Ries: Friedhöfe, Synagogen und viele Erinnerungen

Zu den faszinierendsten Denkmälern im Ries zählen die Zeugnisse zahlreicher jüdischer Gemeinden. In Nördlingen erinnert ein Denkmal in der Judengasse daran, dass dort bereits vor dem Jahr 1300 eine bedeutende jüdische Gemeinde existierte. Der Galgenberg erinnert an das Pogrom von 1384. Fünfmal bildete sich in Nördlingen eine jüdische Gemeinde. Sie wurde zuletzt – wie jene von Harburg, Monheim, Treuchtlingen und Bopfingen sowie die in etlichen Dörfern im Ries – in der Zeit des Nationalsozialismus ausgelöscht. Zahlreiche Juden waren nach ihrer Ausweisung aus den Reichsstädten (in Nördlingen 1506/07) in das Territorium der Grafen von Oettingen-Wallerstein abgewandert, denen sie als „Schutzjuden" unterstanden. Ehemalige Synagogen in Monheim und Pflaumloch (heutige Rathäuser), in Harburg, Oberdorf am Ipf und Hainsfarth erinnern an jüdische Gemeinden. Jüdische Friedhöfe entdeckt man im Geopark Ries in Nördlingen, Oettingen, Wallerstein, Harburg und Treuchtlingen sowie in Mönchsdeggingen, Hainsfarth, Steinhart, Pflaumloch, Aufhausen und Oberdorf am Ipf.

Der Blick auf den alten Pfarrhof und auf den Kirchturm von St. Martin in Utzmemmingen.

staatlich anerkannten Erholungsortes erhalten. Dort – im größten Ortsteil der Gemeinde Riesbürg – bilden die Kirche St. Martin und Sebastian sowie der alte Pfarrhof

Die Kapelle St. Hippolyt bei der Alten Bürg soll über einem römischen Tempel erbaut worden sein. Die Mauerreste der Festung liegen unter der Erde.

An etlichen Straßenrändern im Ries entdeckt man solche Steinkreuze wie dieses gut erhaltene Exemplar am Ortsrand von Pflaumloch.

Steinerne Kreuze am Straßenrand sind Denkmäler für Tod und Krieg im Ries

Aufmerksame Autofahrer aus Richtung Trochtelfingen bemerken kurz vor Pflaumloch ein Steinkreuz an der Straßenböschung der B 29. Es ist nur eines dieser auch „Sühnekreuze" genannten Denkmäler, die man an einigen Stellen im Geopark Ries entdeckt. Um diese teils nur noch als Stümpfe erhaltenen Kreuze ranken sich oft lokale Legenden. So stehen in Schopflohe unterschiedlich gut erhaltene Kreuze an einer Böschung bei der Ortsausfahrt in Richtung Hausen: Die bei Straßenbauarbeiten versetzten „Schwedenkreuze" sollen an fünf evangelische Offiziere erinnern, die hier 1632 getötet wurden. Steinkreuze stehen auch in Appetshofen, Herkheim, Hochaltingen, Maihingen, Marktoffingen, Munningen und Wemding.

· Wichtige historische Kulturlandschaftselemente im Ries – darunter auch Steinkreuze – wurden 2007 für eine Diplomarbeit am Institut für Geographie der Universität Augsburg erfasst und dokumentiert. Mehr zu dieser sehr detaillierten Studie: www.lfu.bayern.de→Kulturlandschaft Ries

am Fuß des Kirchberges das dorfbildprägende Ensemble. Ein Vorgängerbau der Kirche wurde im Dreißigjährigen Krieg zerstört. Die Dorfkirche wurde im barocken Stil wieder aufgebaut und im Stil des Rokokos ausgestattet. Nahe Utzmemmingen stößt man im Waldgebiet Reitersbuck auf eine aus Trümmermassen gebildete Gesteinsformation. Diese Felsgruppe weist zwei kleinere Höhlen, etliche Nischen und ein kleines Felsentor auf.

Von Utzmemmingen aus kommt man – noch innerhalb der Gemarkung der Gemeinde Riesbürg, also auf der württembergischen Seite der Landesgrenze zu Bayern – durch das Maienbachtal zum Hof Altenbürg. Namensgeber ist die Alte Bürg, eine im 12. Jahrhundert erbaute Festung: Ihre (unterirdischen) Mauerreste liegen auf einem Plateau nahe dem „Jagdhaus Alte Bürg". Auf dem Burghügel steht die im Kern romanische, teils gotische Kapelle St. Hippolyt, das letzte Gebäude der Höhenburg: Über dem Portal des schlichten Bauwerkes sieht man das Relief eines Kreuzes sowie eine Christusdarstellung, im Inneren Fragmente von Fresken und Rötelzeichnungen. (Im „Jagdhaus Alte Bürg" erhält man den Schlüssel zur Kapelle.) Vom Maienbachtal aus schaut man übrigens

Höhlen, Felsnischen und ein Felsentor: markante Felsgruppe im Reitersbuck nahe Utzmemmingen.

Der Suevit aus dem Steinbruch Altenbürg wurde wohl an der Georgskirche in Nördlingen verbaut.

Alte Bürg: Relikte einer Burg gaben dem prominenten Suevitsteinbruch den Namen

Der Steinbruch Altenbürg zählt zu den imposantesten und historisch bedeutendsten im Ries: Denn hier wurde der Suevit abgebaut, mit dem wohl auch die Kirche St. Georg und ihr Turm – der „Daniel" – im nahen Nördlingen errichtet wurden. Der Steinbruch liegt zwischen dem inneren und dem äußeren Kraterrand (in der Megablockzone), ungefähr einen Kilometer innerhalb des südwestlichen Kraterrandes. Der etwa 20 Meter hohe Aufschluss zeigt stark verwitterten, gelblich-grüngrauen Suevit. Den Suevit umgeben Bank- und Riffkalke des Weißjura: Der Kalkstein wurde wohl durch den Riesimpakt zerrüttet, umgelagert und mit heißem Suevitmaterial angefüllt. Seinen Namen bekam dieser aufgelassene Steinbruch von der nahen Alten Bürg, der Ruine einer mittelalterlichen Höhenburg.

- Utzmemmingen, beim „Jagdhaus Alte Bürg", kurzer Fußweg durch den Wald von einem Parkplatz im Maienbachtal aus
- www.geopark-ries.de → Alte Bürg
- www.ferienland-donau-ries.de → Suevit Steinbruch Altenbürg
- Mehr zu Suevit: www.geopark-ries.de → Geologie Architektur

bereits auf den weitestgehend kahlen Riegelberg, der zum Teil in der Gemarkung des württembergischen Utzmemmingen, zum Teil schon im bayerischen Ries liegt. Nicht nur in Bezug auf den Namen liegt Utzmemmingen nah beim Dorf **Nähermemmingen**: Dieser nur zwei Kilometer weiter östlich gelegene Ort ist bereits ein Stadtteil des bayerischen **Nördlingen**. In der ab 1426 erbauten, heute evangelischen Marienkirche sieht man ein Tympanon aus der Entstehungszeit am Portal und gotische Fresken (Ende des 15. Jahrhunderts) im Chor. Bei der Dorflinde steht ein römischer Säulenstumpf.

An der Eger, zwischen Utzmemmingen und Flochberg, liegt der Bopfinger Stadtteil **Trochtelfingen**. Der Ort an der B 29 (hier: Ostalbstraße) gilt als eines der längsten Straßendörfer Süddeutschlands. Die Eger fließt vorbei am südlichen Ortsrand dem sechs Kilometer weiter östlich gelegenen Nördlingen zu. Beinahe auf dem Ufer der Eger steht das Stolch'sche Schloss, das ab 1641 im Besitz einer Familie Stolch war. Das romantische Gemäuer ist die letzte von vormals fünf Trochtelfinger Burgen. 2018 wurde bekannt, dass die Sanierung dieses jahrzehnte-

Von der Anhöhe im Naturschutzgebiet Kapf aus bietet sich die weite Fernsicht über das Ries und auf den Nördlinger „Daniel".

Auf ihrem kurzen Weg zwischen der Quelle im Bopfinger Stadtteil Aufhausen und Nördlingen fließt die kleine Eger an Trochtelfingen vorbei.

Die Eger – das Nördlinger Mühlenflüsschen mündet nach 37 Kilometern in die Wörnitz

In der Nördlinger Stadtmauer stehen zwei Wassertürme – mit Trinkwasserversorgung haben beide trotz ihres Namens nichts zu tun. Der Obere Wasserturm sicherte einst den Mauerdurchlass, durch den die Eger in die Stadt fließt. Bei diesem Turm in der Krämpelgasse steht die barocke Walkmühle. An der Neumühle beim Unteren Wasserturm (am Ausfluss der Eger durch die Stadtmauer) dreht sich noch ein hölzernes Mühlrad. Und mitten in Nördlingen steht die alte Spitalmühle, die wie die Kanäle der Eger im Gerberviertel die einstige Bedeutung des lediglich 37 Kilometer langen Flüsschens als Brauch- und Treibwasserlieferant für Nördlingen und sein Umland widerspiegelt. Insgesamt 25 erhaltene von vormals 37 Mühlen liegen am nur 20 Kilometer langen „Mühlenweg Eger" zwischen dem Bopfinger Stadtteil Aufhausen und Nördlingen. In Aufhausen entspringt die Eger einer gefassten Karstquelle. Nach seinem Weg durch den gesamten Rieskrater, der an weiteren Mühlen vorbeiführt, mündet der Fluss bei der Heroldinger Egermühle kurz vor dem Rollenberg bei Hoppingen in die Wörnitz.

lang leerstehenden Landschlösschens von der Deutschen Stiftung für Denkmalschutz gefördert wird.

Hoch über der Trochtelfinger Röhrbach-Siedlung liegt das Naturschutzgebiet Kapf: Sein Kalkbuchenwald, seine trockenwarmen Säume, Heideflächen und scherbigen Kalkäcker sind ein Rückzugsort für teils seltene Fauna und Flora. En passant genießt man hier zudem einen beeindruckenden Panoramablick auf das Riesbecken und auf Nördlingen. Der Weiler **Härtsfeldhausen**, ein Stadtteil von Bopfingen, trägt das Härtsfeld im Namen, das sich vom südwestlichen Rand des Rieskraters als eine Hochfläche der Schwäbischen Alb bis zur südlichen und südwestlichen Grenze des Geoparks Ries erstreckt.

Weitere Geotope im Geopark Ries

- **Aufhausen** Nahe der Burgruine Schenkenstein liegt im Bopfinger Stadtteil ein aufgelassener Steinbruch (www.geopark-ries.de→Steinbruch Schenkenburg).
- **Schloßberg** Südlich des Bopfinger Stadtteils findet man einen früheren Steinbruch – eine allochthone Kalkscholle – und die weite Aussicht über das Ries (www.geopark-ries.de→Steinbruch Schlossberg). Am südlichen Burghügel, drei Kilometer vom Rieskrater entfernt, liegen aneinandergereihte Felsen, bizarre Relikte einer aus den Auswurfmassen des Impaktes gebildeten und dann erodierten Felswand (www.geopark-ries.de→Felsgruppe Schlossberg).
- **Trochtelfingen** Ein früherer Steinbruch weist meterhohe Suevitwände auf (www.geopark-ries.de→Steinbruch Waldgebiet Lohegert).
- **Michelfeld** Südwestlich dieses Weilers (ein Stadtteil von Bopfingen) liegt das Bohnerzgrubenfeld Asang. (www.geopark-ries.de→Bohnerzgruben Asang).
- **Dirgenheim** Am Adelberg südwestlich des Ortes liegt ein aufgelassener Steinbruch mit fossilreichem Gestein (www.geopark-ries.de→Steinbruch Adelberg).
- **Im Stadtgebiet von Bopfingen** Dolinen findet man im Gewann Lichte Eichen und im Ötting'schen Wald (www.geopark-ries.de→Doline Lichte Eichen und www.geopark-ries.de→Doline Ötting'scher Wald).

Gut zu wissen – Tourismustipps zum Geopark Ries

- **Tourismus in und um Bopfingen** Auskünfte und Prospekte erhält man beim Touristikverein Ries-Ostalb, Marktplatz 1 (im Rathaus), 73441 Bopfingen, Telefon 0 73 62/8 01-0, tourismus@bopfingen.de, www.bopfingen.de→Tourismus.
- **Tourismus in Kirchheim am Ries** Die Gemeinde informiert (unter www.kirchheim-am-ries.de→Freizeit Erlebnis) zum Kloster, zu Gastronomie und Unterkünften, zu Rad- und Wanderwegen, zum Skifahren und zu Veranstaltungen.
- **Tourismus in Riesbürg** Zu ihren Ortsteilen Pflaumloch, Utzmemmingen und Goldburghausen sowie zum Ries informiert die Gemeinde Riesbürg unter www.riesbuerg.de→Tourismus.
- **Keltenwelt am Ipf** Die Freilichtanlage beschreibt und erklärt www.verein-keltenwelten.de→Bopfingen Ipf.
- **Archäologie am Ipf** Zu archäologischen Wanderungen rund um diesen Zeugenberg informiert www.geopark-ries.de→ Archäologischer Weg Ipf.
- **Museum im Seelhaus** Infos zum Museum für Archäologie und Geschichte in und um Bopfingen im Spitalbau von 1505 erhält man unter www.bopfingen.de→Seelhaus.
- **Goldbergmuseum** Infos zum Museum im Alten Rathaus von Goldburghausen gibt es unter www.goldbergmuseum.de.
- **Geschichte der Ruine Flochberg** Mehr zur Historie der Ruine erfährt man beim Förderverein zur Erhaltung der Burgruine Flochberg e.V. (www.burgruine-flochberg.de).
- **Innenbesichtigung des Klosters Kirchheim** Ansprechpartner für Auskünfte und Anmeldungen zu Kloster- und Kirchenführungen ist der Freundeskreis Kloster Kirchheim e.V., Edwin Michler, Telefon 0 73 62/48 60.
- **Kunstführer für das Kloster Kirchheim** Edwin Michler hat den kleinen Führer„Kloster Mariä Himmelfahrt zu Kirchheim im Ries" verfasst (bundesweit im Buchhandel erhältlich).
- **Wandern auf dem Keltenweg** Rundtour von Kirchheim am Ries zum Ipf (www.ferienland-donau-ries.de→Keltenweg).
- **Mühlenweg an der Eger** Der 20 Kilometer lange (Rad-)Weg führt von der Egerquelle in Aufhausen durch das Tal der Eger und das Röhrbachtal (www.ostalbkreis.de→Mühlenweg).
- **Ski fahren** Am Rand der Schwäbischen Alb wird der Winter schon mal frostig. Wenn genug Schnee fällt, laufen hier die Skilifte an (www.ries-ostalb.de→Sandberg-Skilift Bopfingen und www.ries-ostalb.de→Skilift Kirchheim am Ries).

Im Norden des württembergischen Rieses

Wege mit Blick auf Schloss Baldern

Baldern
Bopfingen
Kerkingen
Unterschneidheim
Zipplingen
Zöbingen

Der erst 1887 errichtete – weithin die Landschaft dominierende – Turm von Schloss Baldern überragt den Hauptbau und das barocke Torgebäude.

Der Nordwesten im Geopark Ries: immer und überall der Blick auf Schloss Baldern

Die nordwestlichste Ecke im Geopark Ries wird von einem Schloss in einem Bopfinger Stadtteil dominiert: Wo immer man sich bewegt – Schloss Baldern hat man fast überall vor Augen. Wegen dieses Schlosses – einer „Perle des Barocks" – lohnt sich der Weg hierher ebenso wie wegen der Barockkirche St. Maria im nahen Zöbingen. Dort entdeckt man eine skurrile Wallfahrtslegende – und hat sogar dabei Schloss Baldern vor Augen.

Keine zweite Familie (und das seit 30 Generationen) hat das Ries so sehr geprägt wie die Grafen von Oettingen beziehungsweise die späteren gräflichen und fürstlichen Linien dieses Hauses. Ihr Territorium war in Ostschwaben nach denen der Habsburger und der Wittelsbacher das größte, und bis heute zählen ihre Nachkommen im Ries zum ältesten (noch blühenden) Hochadel. Entsprechend nobel residierte man seit dem 16. Jahrhundert auch in

Der Park von Schloss Baldern ist heute im Stil englischer Landschaftsgärten angelegt: Er zieht jährlich tausende Besucher aus aller Welt an.

Baldern. Dieses Dörfchen ist mit seinen etwas mehr als 430 Einwohnern seit 1973 der kleinste (acht Kilometer nördlich gelegene) Stadtteil von **Bopfingen**. Auf einem hohen Bergkegel über diesem Ort wurde im 11. Jahrhundert die Burg der Herren von Hohenbaldern errichtet. Kern des jetzigen Schlosses ist eine Burg aus dem 14. Jahrhundert. Schloss Baldern fiel im 16. Jahrhundert an jene Nachfahren der Grafen von Oettingen, die sich von Oettingen-Baldern nannten und dieses Schloss von 1718 bis 1737 durch den Fürstbischöflich Eichstättischen Hofbaudirektor Gabriel de Gabrieli zur Residenz umgestalten ließen. Als diese Linie 1798 ausstarb, kam Schloss Baldern als Erbe an die Linie Oettingen-Wallerstein.

Den erst 1887 errichteten Turm sowie den Hauptbau des Schlosses hat man in dieser Gegend fast immer und überall vor Augen. Rund um das Schloss führt ein Weg auf dem bewaldeten Burghügel. Zu einer Schlossführung gelangt man durch einen barocken Torbau, dessen steinernes Portal im Jahr 1721 mit einem Allianzwappen zwischen zwei Vasen sowie mit Karyatiden (weiblichen Tragefiguren) verziert wurde. Das Innere des Schlosses –

Barocke Pracht und eine ungewöhnliche Legende: die Wallfahrtskapelle St. Maria in Zöbingen.

darunter den 1730/31 reich mit Erdteilallegorien und Darstellungen von Tugenden stuckierten Festsaal – sieht man bei Führungen ebenso wie eine der bedeutendsten

Zwei Deckenfresken in St. Maria stellen Szenen der Wallfahrtslegende dar: Ein Reiter brach samt Pferd im Boden ein – er musste ausgegraben…

privaten Waffensammlungen Deutschlands mit Exponaten aus fünf Jahrhunderten. Die Gartenliebhaber lockt Schloss Baldern eher wegen des – ursprünglich 1870/71 angelegten – Landschaftsgartens. Die heutige Anlage wurde von Anna Prinzessin zu Oettingen-Wallerstein im Stil englischer Landschaftsgärten gestaltet – unterschiedliche Gartenräume vom Rosengarten mit alten Sorten über Staudengärten und den Geheimen Garten, den Schattengarten sowie den „versunkenen" weißen Garten bis hin zum Ziergarten mit Medizinalkräutern.

Welche Bedeutung die Herren von Schloss Baldern für die Landschaft unter dem Bergkegel besaßen, belegt die vier Kilometer nördlich – in Sichtweite – gelegene Wallfahrtskirche St. Maria in **Zöbingen**, die Graf Kraft Anton Wilhelm zu Oettingen-Baldern ab 1718 von den Eichstätter Baumeistern Gabriel und Franz de Gabrieli anstelle des Vorgängerbaus aus dem 12. oder 13. Jahrhundert errichten ließ. Der ursprünglich geplante dreitürmige Zentralbau mit seiner hohen Kuppel über dem Kirchenraum wurde 1783 nur zum Teil fertiggestellt. (Die Arbeiten hatte man in den 1740er Jahren abgebrochen.)

… werden. Dabei fand man einen alamannischen Baumsarg, der nicht nur gut erhaltene Gebeine, sondern auch Münzen und Äpfel enthielt.

Ein Ölgemälde in St. Maria zeigt die Wallfahrtslegende. Auch Schloss Baldern ist zu erkennen.

Die Darstellungen in den Deckenfresken im Kuppelbau und ein Ölgemälde im Hauptraum zeigen jeweils zwei Szenen, die der Legende nach zum Bau der ersten Wallfahrtskapelle St. Maria geführt haben sollen. 1261 sollen

Weitere Geotope im Geopark Ries

- **Oberwilflingen** Ein Aufschluss am nordwestlichen Kraterrand befindet sich am Fuß des Heimischberges (www.geopark-ries.de→Aufschluss Heimischberg).
- **Unterwilflingen** In einer aufgelassenen Schottergrube am Limberg lassen sich äußerst unterschiedliche Gesteine studieren (www.geopark-ries.de→Schottergrube Limberg). Ein Steinbruch nördlich des Ortes schließt Auswurfmassen des Riesimpaktes auf (www.geopark-ries.de→Steinbruch Unterwilflingen).
- **Wössingen** Der frühere Steinbruch am Bonifaziusberg liegt unmittelbar am Westrand des Rieskraters (www.geopark-ries.de→Steinbruch Bonifaziusberg).
- **Zipplingen** Die Straßenböschung auf der Zipplinger Höhe nördlich des Ortes schließt Suevit über einer kristallinen Scholle auf (www.geopark-ries.de→Straßenböschung Zipplingen).

die Zöbinger den Pfleger der Burg Baldern (den „Ritter von Hohenbaldern") gerettet haben: Er war samt Pferd im Boden eingebrochen und wurde mit Schaufeln und Stangen ausgegraben. Der unterirdische Hohlraum erwies sich als eine Grabstätte. Dort habe man einen Baumsarg (den „Totenbaum" eines alamannischen Adeligen) entdeckt. Im Sarg habe man nicht nur zwei gut erhaltene Gebeine, sondern auch frische Äpfel sowie „bis oben alles voll Geld" gefunden. Diesen „Totenbaum" gibt es tatsächlich: Ein Baumsarg wird bis heute in der Sakristei der Kirche aufbewahrt. Am Gnadenaltar von St. Maria sieht man eine Madonnenfigur aus dem 15. Jahrhundert.

Der Vorgängerbau der Kirche St. Ottilia im heutigen Bopfinger Stadtteil **Kerkingen** wurde 1336 erstmals erwähnt. Damals hatte Graf Ludwig VI. von Oettingen das Patronatsrecht inne. Diese um 1470/90 neu errichtete Kirche wurde 1778/81 barockisiert. Die Bedeutung der Deutschherren für diese Ecke der Ostalb belegt das ehemalige Schloss in **Unterschneidheim**, wo dieser Orden ab 1363 die Ortsherrschaft ausübte. Im nahen **Zipplingen** steht die Pfarrkirche St. Martin, die 1761/65 unter dem Patronat des Deutschordens errichtet wurde.

Gut zu wissen – Tourismustipps zum Geopark Ries

- **Tourismus in und um Bopfingen** Auskünfte und Prospekte erhält man beim Touristikverein Ries-Ostalb, Marktplatz 1 (im Rathaus), 73441 Bopfingen, Telefon 0 73 62/8 01-0, tourismus@bopfingen.de, www.bopfingen.de→Tourismus.
- **Informationen zu Schloss Baldern** Wissenswertes zur Barockperle findet man unter www.bopfingen.de→Schloss Baldern, unter www.ferienland-donau-ries.de→Schloss Baldern sowie vor allem unter www.fuerstwallerstein.de→Schloss Baldern.
- **Führungen auf Schloss Baldern** Termine und auch Tickets für die täglichen Schlossführungen erhält man ebenfalls unter www.fuerstwallerstein.de→Schloss Baldern. Dort findet man auch Informationen zu samstäglichen Küchenführungen im Schloss von Baldern.
- **Wallerstein Gardens** Der Besuch von Baldern lohnt sich für Gartenfreunde nicht zuletzt wegen des im englischen Stil angelegten Schlossgartens (www.wallersteingardens.com).

Das Härtsfeld – der Südwesten des Geoparks

Am östlichen Rand der Schwäbischen Alb

Altenberg
Ballhausen
Ballmertshofen
Demmingen
Dischingen
Dunstelkingen
Härtsfeldhausen
Hohlenstein
Kösingen
Ohmenheim
Trugenhofen
Staufen
Wagenhofen
Zöschingen

Die unter den Fürsten von Thurn und Taxis errichtete barocke Pfarrkirche St. Johannes Baptist dominiert das Ortsbild der Gemeinde Dischingen.

Über das Härtsfeld und zu Schlössern der Thurn und Taxis, Fugger und Syrgensteiner

Zwischen dem südwestlichen Rand des Rieskraters bei Härtsfeldhausen und bis zur südwestlichen Ecke des Landkreises Dillingen a.d. Donau erstreckt sich das Härtsfeld als karge Hochfläche der Schwäbischen Alb. Dischingen – ein Zentrum des Härtsfeldes – und seine Ortsteile wurden von den Fürsten von Thurn und Taxis geprägt. Ganz im Süden liegt die Griesbuckellandschaft um das Dorf Demmingen, ganz im Westen – in Syrgenstein – stößt man auf ein weithin sichtbares Schloss und auf Spuren der Staufer.

Eine Tour innerhalb des Geoparks Ries auf dem Härtsfeld könnte man (auch weil die Stadt Neresheim knapp außerhalb dieser Grenze liegt) in **Dischingen** beginnen. Dischingen ist die östlichste Gemeinde Baden-Württembergs und ein staatlich anerkannter Erholungsort. Die Fürsten von Thurn und Taxis haben Dischingen ebenso geprägt wie seine Ortsteile: Den ersten Besitz auf dem

1734 wurde Dischingen zu einem Herrschaftsort der Thurn und Taxis. Ein Fenster der Kirche St. Johannes Baptist zeigt das fürstliche Wappen.

Härtsfeld erwarb die 1695 in den Reichsfürstenstand erhobene Familie 1723. 1734 gelangte das fürstliche Haus von Thurn und Taxis in den Besitz der Herrschaft Markttischingen – eine Herrschaft, sich die mehrfach, zuletzt im Jahr 1786, durch Zuerwerbungen erweitern ließ. Damals hatte Dischingen jedoch schon eine lange Geschichte hinter sich: Als Ort der Grafschaft Dillingen wurde Dischingen 1049 erstmals urkundlich genannt. 1258 kam die Grafschaft Dillingen an die Wittelsbacher und dadurch 1505 zum Fürstentum Pfalz-Neuburg.

Doch was Dischingen sichtbar prägt, sind die Denkmäler der Thurn und Taxis. Das Ortszentrum dominiert die bis 1785 unter Fürst Karl Anselm – dem vierten Fürsten von Thurn und Taxis – errichtete katholische Pfarrkirche St. Johannes Baptist. Der Baumeister war der 1721 in Wollishausen nahe Augsburg geborene Joseph Dossenberger. Die Ausstattung dieser Rokokokirche ist original erhalten. Eine Figur auf einer von drei (seltenen) Prozessionsstangen stellt den heiligen Ulrich dar: ein Beleg dafür, dass der im nahen Wittislingen geborene Bischof von Augsburg und Patron der Brunnen auch auf dem

Die Figur des heiligen Ulrich auf einer (seltenen) Prozessionsstange in St. Johannes Baptist.

Härtsfeld ganz besonders verehrt wurde. Die 1782 aufgestellte Orgel von Josef Höß aus Ochsenhausen ist das letzte noch spielbare Werk dieses Instrumentenbauers.

Das vollständige fürstliche Wappen des Patronatsherrn, der Generalerbpostmeister der Kaiserlichen Reichspost und – als Vertreter des Kaisers – Prinzipalkommissar des Immerwährenden Reichstags in Regensburg war, sieht man als Glasmalerei in einem Kirchenfenster. Ein älteres Wappen (unter einem Hermelinmantel – bekrönt vom Fürstenhut – halten zwei Löwen die Wappenkartusche) schmückt den Chorbogen der Kirche. Das blaue Herzschild zeigt das Stammwappen der Taxis, den silbernen Dachs: Das „sprechende Wappen" steht für den Namen Taxis. Zwei rote Tortürme mit je drei Zinnen zeigen die (fiktive) Abstammung vom Geschlecht der „della Torre", die bis 1311 in Mailand und der Lombardei herrschten (ein „sprechendes Wappen" für den Namen Thurn). 1650 gestattete der Kaiser den Grafen von Thurn und Taxis, diesen Namen zu führen. Mit dem Grafenbestätigungsdiplom von 1680 kam der rote Löwe von Valsassina im goldenen Feld im Wappen hinzu, der den bis dahin geführten Doppeladler ersetzte. Die hinter den Türmen

Das Wappen der Thurn und Taxis am Chorbogen der Kirche St. Johannes Baptist in Dischingen.

Schlossherren mit vielen Besitzungen auf dem Härtsfeld: die Fürsten Thurn und Taxis

Den Namen Thurn und Taxis verbindet man zumeist mit der Herkunft aus der Lombardei, mit der Thurn-und-Taxis-Post und ihrer Frankfurter Zentrale, mit Brüssel und Regensburg. Weniger bekannt ist, dass die 1695 in den Reichsfürstenstand erhobene Familie am südwestlichen Riesrand eine gewichtige Rolle spielte. Mit dem Kauf der Herrschaft Eglingen (der Ort ist heute ein Stadtteil von Dischingen) fassten die Thurn und Taxis hier 1723 Fuß: Die einstige Kanzlei (Schloss genannt) und die bis 1769 erneuerte Kirche St. Martin und Sebastian erinnern dort an die Familie. 1734 erwarb das Fürstenhaus den Markt Dischingen und Schloss Trugenhofen, 1735 die Herrschaft Duttenstein samt dem Dorf Demmingen, 1741 auch das Dorf Trugenhofen, 1749 die Herrschaft Ballmertshofen. 1786 kauften die Thurn und Taxis Rechte am Dorf Dunstelkingen. An die so arrondierte Herrschaft Markttischingen erinnern Wappen der Thurn und Taxis am Chorbogen und im Kirchenfenster der unter dem Patronat des vierten Fürsten von Thurn und Taxis erbauten Kirche St. Johannes Baptist in Dischingen. Schon seit 1817 trägt das Schloss in Trugenhofen den Namen Schloss Taxis.

In das im Stil der Renaissancezeit errichtete sogenannte Hohe Schloss bei Trugenhofen – den Hauptbau von Schloss Taxis – wurden Mauern einer mittelalterlichen Burg integriert.

gekreuzten Lilienzepter tauchten ab 1658 im Wappengeviert der Grafen von Thurn und Taxis auf.

Die 1666 erbaute, 1706 erneuerte Dischinger Kapelle zu den Vierzehn Nothelfern (an der Ballmertshofer Straße) baute Joseph Dossenberger 1758 um. Über den Emporen dieser Kapelle zeigt ein Fresko die einzige Ansicht, die das Ortsbild mit der früheren, 1352 erstmals genannten alten Dischinger Kirche überliefert. Das Fresko von 1758 bildet auch das Schloss in **Trugenhofen** ab, das Anselm Franz – der zweite Fürst von Thurn und Taxis – 1734 mit Dischingen erworben hatte. In Trugenhofen hatte früher eine Burg gestanden, deren Besitzer erst die Herren von Trugenhofen und nach ihnen die Grafen von Oettingen, danach die die Grafen von Helfenstein, die Herren von Hürnheim-Katzenstein, die Herren von Westernach, die Schenken von Castell und die Herren von Leonrod gewesen waren. Die Thurn und Taxis bauten diese Burg nach und nach zu einer Sommerresidenz um, die sie mit Genehmigung des Königs von Württemberg seit 1817 Schloss Taxis nennen durften.

Der Blick auf die mit einem gemalten Wappen der Thurn und Taxis verzierte Giebelfront des Hohen Schlosses, davor zinnengeschmückte neuere Bauten im Tudorstil.

Die Bauten von Schloss Taxis entstanden zwischen dem 16. und 19. Jahrhundert. Mauern der mittelalterlichen Burganlage auf der Felsterrasse über dem Tal der Egau wurden in das Hohe Schloss – ein satteldachgedeckter Renaissancebau mit drei übereck stehenden Türmen – integriert. Seinen Wellengiebel ziert das großformatige Wappen des fürstlichen Hauses Thurn und Taxis. Beim Hohen Schloss steht der runde Aussichtsturm mit dem mittelalterlich wirkenden Zinnenkranz. Das Hohe Schloss umgeben mehr als 20 drum herum gruppierte Gebäude: Im 18. Jahrhundert entstanden der Kavaliersbau und der Gästetrakt. 1840 wurden der Fürstenbau und der Prinzenbau im Tudorstil – im Stil englischer Neugotik – errichtet. Schloss Taxis, das 250 Jahre lang als Sommerresidenz diente, ist nur von außen zu besichtigen.

Jederzeit zugänglich ist dagegen der Englische Wald (Parkplatz an der Schloßstraße – östlich von Schloss Taxis). Bereits 1742 hatte man den Schlosspark im Stil englischer Landschaftsgärten angelegt. Obwohl viele verschlungene Wege durch diesen Wald zu Denkmälern

Von außen sichtbar, für Ausflügler allerdings nicht zugänglich, liegt diese im klassizistischen Stil angelegte idyllische Parkanlage hinter einer Mauer um den Schlosspark von Schloss Taxis.

und kleinen Bauten führen, kann man sich wohl nicht verlaufen, glaubt man einer der Informationstafeln des „Thurn-und-Taxis-Pfads" rund um das Schloss. „Auch ohne Wegweiser: Kastanien-Alleen führen immer zum Schloss, Linden-Alleen zu Lustbarkeiten", steht darauf zu lesen.

In Trugenhofen lohnt sich ein Blick in die katholische Pfarrkirche St. Georg und St. Leonhard (an der Taxisstraße). Um 1780 ließ Fürst Karl Anselm von Thurn und Taxis diese Kirche nach Plänen von Baumeister Joseph Dossenberger durch Johann Georg Hitzelberger, der seit 1769 Hofbaumeister des Fürsten Oettingen-Wallerstein war, im Stil des Rokokos errichten. Die Fresken schuf der Augsburger Maler Johann Josef Anton Huber, der schon 1784 sogar in das Amt des katholischen Direktors der paritätisch geleiteten, renommierten Reichsstädtischen Kunstakademie in Augsburg berufen wurde.

Südlich von Schloss Taxis führt die Straße durch eine landschaftsprägende Allee hinab ins Tal des Flüsschens

Südlich von Dischingen liegt der kleine Ortsteil Ballmertshofen: Sein Mittelpunkt ist das Schloss. Das Rittergut und die Herrschaft Ballmertshofen hatten die Thurn und Taxis 1749 erworben.

Egau und in Richtung **Ballmertshofen**. Unübersehbarer Mittelpunkt des Dorfes ist das kurz vor dem Jahr 1600 im Renaissancestil erbaute dreigeschossige Schloss, ein rechteckiges Bauwerk mit hohem Schweifgiebel. Das nur rund zweieinhalb Kilometer von Schloss Taxis entfernte Dorf Ballmertshofen samt Rittergut und Herrschaft kam 1749 ebenfalls in den Besitz der Fürsten von Thurn und Taxis. An der Stelle dieses Renaissanceschlosses, das 1865 in den Besitz der Gemeinde überging, erhob sich schon 1236 eine Burg, die Graf Hartmann IV. von Dillingen dem nahen Kloster Neresheim schenkte. Hoch über der Egau, die am östlichen Ortsrand von Ballmertshofen vorbeifließt, steht die katholische Pfarrkirche St. Anna. Sie wurde 1741 anstelle eines bereits 1624 zerstörten Vorgängerbaus errichtet. Diese frühere Kirche war über einem römischen Mithrasheiligtum entstanden.

Östlich von Dischingen liegen der Ortsteil **Demmingen** und Schloss Duttenstein, die ebenfalls zum Herrschaftsbesitz der Fürsten von Thurn und Taxis gehörten. Nur ein Jahr nach dem Erwerb von Dischingen kaufte der

Das westlich von Dischingen gelegene Schloss Duttenstein hatte prominente Vorbesitzer: Auf die Fugger folgten hier die Thurn und Taxis.

zweite Fürst von Thurn und Taxis – Anselm Franz – 1735 die Herrschaft Duttenstein. Ein Handel, bei dem nicht nur der Käufer, sondern auch der Verkäufer einen prominenten Namen trug: Die Herrschaft und das bis heute bestehende Schloss hatten zuvor Graf Eustach Maria Fugger von Nordendorf und Duttenstein gehört. Die reichen Fugger hatten das idyllisch auf einem Hügel aufragende Jagdschloss Duttenstein von 1564 bis 1572 im Stil der Renaissance errichten lassen. Die Architektur der Bauzeit ist erhalten. Das privat bewohnte Schloss ist saniert, allerdings nicht für Besichtigungen zugänglich. Untertags frei zugänglich sind jedoch größere Teile des von hohen Bäumen umstandenen Wegenetzes im Wildpark, den 1817 der Fürst von Thurn und Taxis auf 506 Hektar Fläche um Schloss Duttenstein anlegen ließ.

Erbaut wurde Schloss Duttenstein mit Steinen der „Alten Burg". Diese stand auf einem Hügel der Griesbuckellandschaft bei Demmingen. Der größere Teil dieses Ortes gehörte im 16. Jahrhundert zum Weiler **Wagenhofen**, der Teil der Herrschaft Duttenstein war. Diese Höhenburg hatten die Grafen von Dillingen im 13. Jahrhundert er-

Der Steinbruch Dörrbergle ist ein Geotop und Biotop in der Demminger Griesbuckellandschaft.

Der Steinbruch Dörrbergle – ein Biotop in der Griesbuckellandschaft bei Demmingen

In den Trümmermassen des Impaktes in der Riesalb, wenige Kilometer vom südwestlichen Riesrand entfernt, liegt das Dorf Demmingen. In Jahrmillionen ist dort eine eigentümliche Griesbuckellandschaft entstanden. Die auch Demminger Griesberge genannten Hügel verteilen sich über ein etwas mehr als 25 Hektar großes Naturschutzgebiet im Norden und im Westen dieses Ortsteils der Gemeinde Dischingen. Unweit des westlichen Ortsrandes von Demmingen wurden in einem (heute aufgelassenen) Steinbruch Auswurfgesteine des Riesereignisses abgebaut. Neben verlagerten Kalkblöcken aus dem Oberjura fand man im Steinbruch auch zertrümmerten Oberjurakalk in Form von Breccien und Gries (zerrüttetem Kalk) vor. Im Steinbruch hat sich ein kleiner Tümpel gebildet: Das wertvolle Biotop ist wahrscheinlich dadurch entstanden, dass tonreiche Breccien die Geländesohle abdichtete.

· Dischingen, Ortsteil Demmingen, im Naturschutzgebiet Griesbuckellandschaft Demmingen (an der Ziertheimer Straße)
· www.geopark-ries.de→Dörrbergle

Eine Kette von mehreren Hügelkuppen über den ansonsten flachwelligen Wiesen und Äckern prägt die Griesbuckellandschaft um Demmingen.

bauen lassen. Als der Landsknechtsführer Hans Walther von Hürnheim 1551 die Herrschaft Duttenstein an den reichen Anton Fugger in Augsburg verkaufte, war diese Festung bereits zerstört. Letzte Mauersteine, Wälle und Gräben als Relikte dieser abgegangenen Burg findet man auf einem runden, dicht bewaldeten Bergkegel südwestlich von Demmingen über der Straßengabelung an der Ziertheimer Straße.

Das mehr als 25 Hektar große Naturschutzgebiet der Griesbuckellandschaft Demmingen (auch diese Geländeformation ist eine Folge des Riesimpaktes) belohnt den Wanderer mit weiten Aussichten auf die Umgebung und auf Demmingen. Der barocke Zwiebelturm der Pfarrkirche St. Wendelin überragt dieses Dorf.

Nördlich von Dischingen und Schloss Duttenstein liegt **Dunstelkingen**. Auf dem zentralen Platz um den Dorfbrunnen und die hohe Dorflinde gruppiert sich hier ein gefälliger Ortskern mit dem (ehemaligen) Rathaus, der „Alten Schule“, einem Brauereigasthof und der katholischen Pfarrkirche St. Martin. In der ab der Zeit um 1500 entstandenen, 1716 barockisierten Dorfkirche findet man unter anderem einen Taufstein von 1517 sowie zwei Epitaphe einstiger Ortsherren. In dem (heutigen) Ortsteil von Dischingen hatten die Fürsten von Thurn und Taxis 1786 ebenfalls Grund und Rechte erworben. Die Erwerbung von Dischingen und seiner heutigen Gemeindeteile (am Ende waren alle außer Frickingen und Katzenstein in der Hand der Thurn und Taxis) diente dem Versuch, ein größeres Territorium zu arrondieren, um sich vom Makel eines „Fürsten ohne Land" zu befreien: Nachdem der Fürst von Thurn und Taxis 1754 in den Reichsfürstenrat aufgenommen worden war, versuchte er, ein „fürstenmäßiges Gut" zu schaffen. Am Ende war der Versuch insofern vergebens, als sämtliche Besitzungen des Fürstenhauses auf dem Härtsfeld 1806 erst an Bayern und dann 1810 an Württemberg fielen.

Nicht einmal vier Kilometer westlich von Dunstelkingen und gleichfalls noch auf dem Gebiet der Gemeinde Dischingen liegt der Härtsfeldsee. Das elfeinhalb Hektar große Gewässer wurde 1972 als Hochwasserrückhaltebecken der Egau geschaffen – und ist seither auf dem

Die Grenze zwischen dem Geopark Ries und dem UNESCO Global Geopark Schwäbische Alb verläuft durch den Härtsfeldsee nahe Dischingen.

ansonsten wasserarmen Härtsfeld an heißen Sommertagen eine willkommene Oase der Erfrischung. Der hochoffizielle Verlauf der Grenze zwischen dem Geopark Ries und der schon 2015 als UNESCO Global Geopark anerkannten Schwäbischen Alb verläuft – etwas skurril, weil streng gezogenen geologischen Grenzen und den strikten Vorgaben der UNESCO geschuldet – durch das Gebiet der Gemeinde Dischingen: Im Fall des Härtsfeldsees zieht sich die Grenze zwischen den Geoparks durch das Gewässer. Auch der Dischinger Ortsteil Frickingen samt dem Weiler Katzenstein liegt auf dem Gebiet des Geoparks Schwäbische Alb. Die Grenzen des Geoparks sollten Besucher der Region aber nicht davon abhalten, die Stauferburg Katzenstein, deren mächtiger Bergfried schon von Weitem auszumachen ist, zu besichtigen.

Ähnlich verwirrend trennt die Grenze zwischen den Geoparks das Stadtgebiet von Neresheim. Während die barocke Benediktinerabtei hoch über Neresheim zum Geopark Schwäbische Alb gehört, liegt der Stadtteil **Kösingen** im Geopark Ries. Dort dominiert der massive Kirchturm der katholischen Pfarrkirche St. Sola das Orts-

Ein Meisterwerk von Dominikus Zimmermann ist der Konchenaltar in der Kirche St. Sola im Neresheimer Stadtteil Kösingen.

Diese Felsgruppe – Hohler Stein genannt – liegt wenige hundert Meter außerhalb des Weilers Hohlenstein, eines Ortsteils von Kösingen.

bild: Die Untergeschosse dieses Turmes entstanden wohl im 12. Jahrhundert. In der heutigen Sakristei sieht man Wandmalereien (vermutlich aus dem 13. und 16. Jahrhundert). Der 1721 geschaffene barocke Konchenaltar in St. Sola entstand nach Plänen Dominikus Zimmermanns. Allgemein bekannt ist dieser Vertreter der ohnehin berühmten Wessobrunner Schule nicht zuletzt durch sein Hauptwerk – das UNESCO-Welterbe Wieskirche.

Zu Kösingen, das 1971 nach Neresheim eingemeindet wurde, gehört der nur etwas mehr als zwei Kilometer westlich gelegene Weiler **Hohlenstein**. Rund 700 Meter nordwestlich von Hohlenstein, unweit der Straße in Richtung des Neresheimer Stadtteils **Ohmenheim,** liegt die bizarre Felsgruppe Hohler Stein. Diese nicht sehr große, stark verwitterte Felsformation aus Riffkalkstein überragt die Böschung über den Äckern. Dieses Kunstwerk der Natur wirkt so löchrig wie ein Schweizer Käse.

In der Ortsmitte von Ohmenheim bilden die katholische Pfarrkirche St. Elisabeth und der Pfarrhof ein barockes Ensemble. Das Ortsbild passt zu den Worten, mit denen

Der Blick auf die barockisierte gotische Kirche St. Elisabeth und auf den Pfarrhof in Ohmenheim. Dieser Ort ist ein Stadtteil von Neresheim.

im 18. Jahrhundert eine Beschreibung des Oberamtes Neresheim das Kapitel über Ohmenheim begann: „Der durch Freundlichkeit und Reinlichkeit sich auszeichnende, ansehnliche, etwas weitläufig angelegte Ort […]". Weitläufig wirkt auch die Gegend, die sich über das nördliche Härtsfeld bis zum Weiler **Härtsfeldhausen** erstreckt, der vor dem äußeren Kraterrand des Rieses liegt.

Mit der südwestlichsten Ecke des Geoparks Ries erhält das baden-württembergische Härtsfeld außerdem eine reizvolle bayerische „Zugabe". Fährt man nämlich von Dischingen über Ballmertshofen in Richtung Südwesten, kommt man dort in die beiden westlichsten Gemeinden des Landkreises Dillingen a. d. Donau. Von Dischingen in Luftlinie beziehungsweise auf Wanderwegen nur vier Kilometer entfernt liegt **Zöschingen** an einem Ausläufer der Schwäbischen Alb um den Rostelbach, einen Zufluss der Egau. Dieser Ort wird im Westen, Norden und Osten von der Grenze zu Baden-Württemberg umschlossen. An den Hängen in der – gemessen an der Einwohnerzahl – kleinsten Gemeinde des Landkreises geht es teilweise ziemlich kräftig auf und ab: Auf einer Malmscholle hoch

Im bayerischen Zöschingen finden sich gleich sechs Naturschutzgebiete: Wertvoll sind sie zum Teil wegen des artenreichen Trockenrasens.

über der Ortschaft hat man sogar ein Gipfelkreuz angebracht. Noch etwas höher liegt die 1746 erbaute Wallfahrtskapelle Maria Steinbrunn auf dem Schellenberg

Quellwasser ergießt sich in den Steinbrunnen vor der Kapelle Maria Steinbrunn in Zöschingen.

nördlich hoch über dem Ort. Vor dieser Kapelle sprudelt das eiskalte Wasser einer Quelle, die dort den namensgebenden steinernen Brunnen speist. Die Lindengruppe bei der Kapelle Maria Steinbrunn ist eines der sechs Naturdenkmäler im Gemeindegebiet. Wenige Schritte unterhalb dieser barocken Kapelle wurde 2013 eine Kneippanlage eröffnet. Von dort aus genießt man die weite Aussicht über das nahe Donautal.

Die Gemeinde Zöschingen ist Mitglied der Verwaltungsgemeinschaft Syrgenstein. Die Kommune Syrgenstein wurde erst 1970 aus den Gemeinden **Altenberg** und **Ballhausen** neu gebildet. Einen historischen Ort dieses Namens gibt es jedoch nur im Landkreis Lindau – denn dort steht die Stammburg Syrgenstein jener Freiherren von Syrgenstein, die der südwestlichsten Kommune im Landkreis Dillingen a. d. Donau den Namen gaben. Wer heute von „Syrgenstein" spricht, hat dabei in der Regel das Schloss auf dem Burghügel von Altenberg vor Augen. Dort stand eine 1374 erstmals genannte Burg, ein Verwaltungssitz der bayerischen Hofmark Staufen. Die Hofmark mit der 1637 durch einen Brand zerstörten

Das Schloss auf dem Burghügel von Altenberg, dem höchstgelegenen und dichtestbesiedelten Dorf im Landkreis Dillingen a. d. Donau.

Diese Malmscholle – im Hintergrund die Kirche St. Martin – ist eine markante Felsformation hoch über dem Dorf Zöschingen.

Zwei Geotope hoch über Zöschingen: die Malmscholle und der Zigeunerfelsen

Zöschingen liegt in einem engen Tal an einem Ausläufer der Schwäbischen Alb, direkt an der Grenze zu Baden-Wüttemberg. Diese Gemeinde im Landkreis Dillingen a.d. der Donau ist in der Liste der Naturdenkmäler im Landkreis sogar gleich sechsmal aufgeführt. Neben zwei Felskegeln am Schießberg sind vor allem zwei Geotope bedeutend. Hoch über dem Ort erhebt sich eine ortsfremde Malmkalkscholle: Auch an dieser Stelle wurde der härtere Jurakalk aus der Bunten Breccie herauserodiert. Auf diesem Hügel hat man ein Gipfelkreuz angebracht. Auch der sogenannte Zigeunerfelsen, eine angewitterte Felskuppe hoch über Zöschingen, besteht aus dem Kalk einer allochthonen Scholle in den Riestrümmermassen.

- Zöschingen (Malmscholle an der Abzweigung Schulstraße/Schießbergstraße und der Zigeunerfelsen über der Eichstraße, oberhalb der Gemeindehalle Zöschingen)
- www.geopark-ries.de → Malmscholle Zöschingen
- www.geopark-ries.de → Zigeunerfelsen Zöschingen

Der „Alte Turm" – ein sechs Meter hoher Turmstumpf – ist das Relikt der Stauferburg Bloßenstaufen im Syrgensteiner Ortsteil Altenberg.

Burg erwarb Johann Gottfried von Syrgenstein 1666. Das jetzige Schloss ließ Franz Ferdinand von Syrgenstein 1693 errichten: Dieser einfache, zweigeschossige Giebelbau steht auf dem Plateau des Burghügels, der an drei Seiten steil abfällt. Als Gründer des Ortes Altenberg gilt aber Adam Johann Ernst Gotthard von Syrgenstein, der 1732/33 anfing, Handwerker und Tagelöhner auf kleinen Grundstücksparzellen am Burgberg anzusiedeln. Dieses Unternehmen ruinierte ihn wohl auch deshalb, weil er 1747/48 die Kirche St. Wolfgang – nach italienischem Vorbild als Kuppelbau mit vier Türmen – errichten ließ. (Die Kuppel und die beiden Osttürme hat man später abgetragen.) 1794 erwarb der Fürst von Oettingen-Wallerstein Schloss Altenberg, das der Freistaat Bayern 1982 kaufte und 1986 an Clothilde Prinzessin von Liechtenstein veräußerte. Altenberg ist heute der am höchsten gelegene und – eine Folge des Siedlungsprojektes des Freiherrn von Syrgenstein – zugleich am dichtesten besiedelte Ort des Landkreises Dillingen a.d. Donau.

Auf einem Bergkegel nordwestlich über Altenberg steht der „Alte Turm". Er ist das letzte Relikt der Burg Staufen,

Die Egau (hier bei Ballmertshofen) ist ein sehr kleines Gewässer – und fließt dennoch in zwei Bundesländern: Bayern und Baden-Württemberg.

Die Egau – das Flüsschen vom Härtsfeld fließt durch zwei Bundesländer zur Donau

Der westliche und südliche Rand des Geoparks Ries ist alles andere als wasserreich. Ausgerechnet hier ist jedoch mit dem Härtsfeldsee nahe Dischingen eine touristische Attraktion für heiße Sommertage entstanden. Gespeist wird der kleine See auf dem Härtsfeld von einem (bei normalem Wasserstand) ebenfalls kleinen Gewässer: der Egau. Der See mit etwas mehr als elf Hektar Wasserfläche dient allerdings in erster Linie gar nicht dem Freizeitvergnügen, sondern wurde als Rückhaltebecken für Hochwasser der Egau angelegt. Das 45 Kilometer lange Flüsschen, das im Geopark Ries durch Dischingen sowie dessen Ortsteil Ballmertshofen fließt und auf seinem Weg einen Teil des Härtsfeldes entwässert, entspringt im Egautal am südlichen Stadtrand von Neresheim und mündet am Ende im Landkreis Dillingen a.d. Donau unterhalb der Staustufe Höchstädt in die Donau. Die Egau strömt bei ihrem Lauf von Norden nach Süden also sogar in zwei Bundesländern, doch erst ab der Grenze zwischen Baden-Württemberg und Bayern wird sie zu einem Gewässer zweiter Ordnung.

Ein markanter Punkt im westlichsten Teil des Landkreises Dillingen a. d. Donau ist der schlanke Turm der Pfarrkirche St. Martin in Staufen.

die dort unter den Staufern errichtet worden war. Von dieser auch Bloßenstaufen genannten Burg, die erstmals 1462 und dann 1504 endgültig zerstört wurde, sind nach dem weitestgehenden Abbruch der Ruine sechs Meter hohe Reste des Bergfrieds – Füllmauerwerk – erhalten. (Um 1970 war diese Ruine sogar noch 14 Meter hoch.)

Ballhausen war früher ein Teil der Herrschaft Staufen. Die dortige Kirche wurde erst 1938 anstelle eines Vorgängerbaus errichtet. Auf weitaus mehr Vergangenheit und sogar auf einen prominenten Namen stößt man im Syrgensteiner Ortsteil **Staufen**. Dort ist das ehemalige, in der zweiten Hälfte des 17. Jahrhunderts errichtete Schloss erhalten. Weithin zu sehen ist die katholische Pfarrkirche St. Martin: Dieser Sakralbau wurde 1892/93 nach Plänen des Oberamtsbaumeisters Ernst Steiff aus der nahen württembergischen Stadt Giengen an der Brenz im neugotischen Stil errichtet und ausgestattet. Baumeister Steiff war ein Verwandter der berühmten Erfinderin des Steiff-Bären – Margarete Steiff. Aus Dankbarkeit für den unfallfreien Bau der Pfarrkirche St. Martin ließ man 1895 die kleine neugotische Kapelle

Die Stauferburg Katzenstein steht auf dem Gebiet der Gemeinde Dischingen. Dennoch ist sie eine Sehenswürdigkeit im Geopark Schwäbische Alb.

Nahe Nachbarn auf dem Härtsfeld – die Burg Katzenstein und die Abtei Neresheim

Die Grenze zwischen dem Geopark Ries und dem Geopark Schwäbische Alb verläuft in der Gemeinde Dischingen und in der Stadt Neresheim entlang von Ortsteilgrenzen. Darum ist die Burg Katzenstein im Dischinger Weiler Katzenstein eine Sehenswürdigkeit im Geopark Schwäbische Alb. Die Stauferburg dürfte ab dem 11. Jahrhundert entstanden sein: Denn das Buckelmauerwerk am Bergfried – dem „Katzenturm"– ist für die Stauferzeit typisch. Der Zinnengiebel des Turmes und andere Bauten stammen aus dem 17. Jahrhundert, das heutige Erscheinungsbild samt wiederaufgebautem Palas ist das Ergebnis von Restaurierungsarbeiten in der Zeit von 1967 bis 1979. Auch die barocke Benediktinerabtei Neresheim liegt nur ein paar hundert Meter westlich des Geoparks Ries. Gegründet wurde dieses Kloster von den Grafen von Dillingen, gefördert durch die Grafen von Oettingen, 1802 kam es (kurzzeitig) in den Besitz der Fürsten von Thurn und Taxis. Die Klosterkirche Heilig Kreuz, St. Ulrich und Afra – von Balthasar Neumann geplant – gilt als „Meisterwerk europäischer Barockbaukunst".

Das Schloss auf dem Burghügel in Altenberg ist von allen Ortsteilen der Gemeinde Syrgenstein aus zu sehen: hier der Blick aus Richtung Staufen.

Maria Schnee bauen. Sie steht am Ortsrand hoch über Staufen: Bei klarer Sicht schaut man von dieser Anhöhe über dem Syrgensteiner Ortsteil bis zu den Alpen.

Die kleine Kapelle Maria Schnee ist eine Station an einem Jakobspilgerweg – mit weiter Aussicht.

In einem Aufschluss nordöstlich von Staufen wird die sogenannte Klifflinie erkennbar – die Spuren eines Meers im voralpinen Molassebecken.

In einer Sandgrube bei Staufen: Spuren der Klifflinie der Oberen Meeresmolasse

Vor Jahrmillionen erstreckte sich vor der nördlichen Alpenkette – vom Genfer See bis Wien – in einem 1000 Kilometer langen Molassebecken ein Meer. Der Nordrand dieses Meers war – 22 bis 16 Millionen Jahre vor unserer Zeit – eine Steilküste, die Klifflinie der Oberen Meeresmolasse. Die Klifflinie verlief im Geopark Ries ungefähr in der Mitte zwischen dem Zentrum des Rieskraters sowie dem Flusslauf der Donau. Auf Hinweise auf diese vorzeitliche Meeresküste stößt man bei Staufen im Landkreis Dillingen a.d. Donau. Im Aufschluss einer kleinen Sandgrube an einem Feldweg nordöstlich des Ortsrandes findet man in teils kalkig verbackenem Feinsand die Fossilien von Austern und Turmschnecken. Die Löcher von Bohrmuscheln in vereinzelten vom Meerwasser gerundeten Malmkalkbrocken verweisen ebenfalls auf die nahe Klifflinie.

· Syrgenstein, Ortsteil Staufen, am Postweg, östlich des Ortes an einem Landwirtschaftsweg mit Aussicht auf Schloss Altenberg
· www.geopark-ries.de → Klifflinie Staufen

Weitere Geotope im Geopark Ries

- **Dischingen** Auf dem Dischinger Gemeindegebiet liegen etliche Geotope, darunter zwei Karstquellen. Die im Egauwasserwerk gefasste Buchbrunnenquelle hat die stärkste Schüttung aller zur Trinkwasserversorgung verwendeten Quellen der Schwäbischen Alb (www.geopark-ries.de→Buchbrunnenquelle). Unweit der Ortsmitte sprudelt die Gallengehrenquelle (www.geopark-ries.de→Gallengehrenquelle). Bei anderen Geotopen geht es um Stein, Kies und Sand:
  - www.geopark-ries.de→Sandgrube Guldesmühle
  - www.geopark-ries.de→Aufschluss Dischingen
  - www.geopark-ries.de→Steinbruch Dischingen
  - www.geopark-ries.de→Steinbruch Hollberg
  - www.geopark-ries.de→Blockstrand Dischingen.
- **Trugenhofen** Eine Kiesgrube liegt nah beim Schloss (www.geopark-ries.de→Kiesgruben Englischer Park).
- **Ballmertshofen** In einer aufgelassenen Sandgrube wurden Mittel- und Feinsande der tertiären Oberen Meeresmolasse abgebaut (www.geopark-ries.de→Sandgrube Ballmertshofen).
- **Kösingen** Der frühere Steinbruch zwischen Kösingen und Schweindorf erschließt Bunte Trümmermassen (www.geopark-ries.de→Steinbruch Erzbuck).
- **Dehlingen** Bei dem Weiler (Stadt Neresheim) liegen Felsblöcke aus Malmkalk, die beim Riesimpakt dorthin geschleudert wurden (www.geopark-ries.de→Malmkalktrümmer Dehlingen).
- **Unterriffingen** Dieser Ort am nördlichen Rand des Härtsfeldes liegt bereits auf dem Stadtgebiet von Bopfingen. Dort findet man drei geologische Besonderheiten, darunter den Vogelbrunnen und Spuren des Brauneisenerzabbaus in einer Bohnerzgrube:
  - www.geopark-ries.de→Vogelbrunnen
  - www.geopark-ries.de→Erzgrube Unterriffingen
  - www.geopark-ries.de→Wöllerstein Unterriffingen.
- **Härtsfeldhausen** In dem aufgelassenen Steinbruch im Bopfinger Stadtteil sieht man durch den Impakt verursachte Schleifspuren ausgeworfener oder verlagerter Auswurfmassen (www.geopark-ries.de→Schliffflläche Härtsfeldhausen).

Gut zu wissen – Tourismustipps zum Geopark Ries

- **Tourismus in und um Dischingen** Zu den Schlössern, Kirchen und Museen sowie zu weiteren touristischen Angeboten informiert die württembergische Gemeinde auf dem Härtsfeld unter www.dischingen.de→Freizeit und Erholung.
- **Mehr zum Landkreis Dillingen** Die westlichsten Stationen dieser Route liegen im bayerischen Landkreis Dillingen a.d. Donau. Auskünfte und Broschüren zum „Dillinger Land" erhält man beim Donautal-Aktiv e.V., Hauptstraße 16, 89431 Bächingen/Brenz, Telefon 0 73 25/95 10-1 40, per E-Mail (info@donautal-aktiv.de) oder www.dillingerland.de.
- **Thurn & Taxis-Pfad I** Viele Informationen zum drei Kilometer langen Spazierweg auf den Spuren der Fürsten von Thurn und Taxis sowie zu weiteren Themenpfaden auf dem Härtsfeld findet man unter www.haertsfeld.de→Themenpfade.
- **Thurn & Taxis-Pfad II** Die Texte und Abbildungen von sechs um Schloss Taxis in Trugenhofen aufgestellten Informationstafeln beschreiben kurz und knapp die Geschichte dieser Sommerresidenz: www.haertsfeld.de→Thurn und Taxis.
- **Mehr zu Thurn und Taxis** Mehr zum Gestern und Heute (und zu Gloria von Thurn und Taxis, die sich oft auf Schloss Taxis aufhielt) erfährt man unter www.thurnundtaxis.de.
- **Schloss Altenberg** Mehr zur Geschichte des Schlosses hoch über Syrgenstein liest man unter www.burgenwelt.org→ Syrgenstein Altenberg.
- **Härtsfeldbahn** Zum Zugverkehr mit der Museumsbahn über das Härtsfeld zwischen Neresheim und Dillingen a.d. Donau – mit Halt am Bahnhof von Dischingen – informiert www.neresheim.de→Museumsbahn.
- **Donautal-Panoramaweg** „Sinne-Reich" führt ein Wanderweg auch über die Kommunen Syrgenstein und Zöschingen. Mehr dazu unter www.dillingerland.de→Sinne-reich.
- **Straße der Staufer** Die Kulturreiseroute auf Spuren dieser schwäbischen Herrschergestalten, die zwischen 1079 und 1268 als Herzöge von Schwaben sowie als römisch-deutsche Könige und Kaiser regierten, führt auch über Dischingen (www.schwaebischealb.de→Staufer).
- **Baden gehen** Zum Härtsfeldsee, aber auch zu den Bädern in der Region informiert www.haertsfeld.de→Schwimmen.
- **Kneippen** Eine Kneippanlage mit schönerer Aussicht als die bei Maria Steinbrunn in Zöschingen ist nicht leicht zu finden.

Entlang der Wörnitz durch den Kraterrand

Flussschleifen, Felsen und die Harburg

Brünsee
Donauwörth
Ebermergen
Großsorheim
Harburg
Heroldingen
Hoppingen
Ronheim
Wörnitzstein

Schloss Harburg: Die ältesten Bauten der „Bilderbuchburg" stammen aus dem 12. Jahrhundert.

Entlang der Wörnitz zum Schloss Harburg und zu Aussichtspunkten am Kraterrand

Zwischen Heroldingen, Hoppingen und Harburg durchbricht die Wörnitz den südöstlichen Rand des Rieskraters. Flussschleifen und steile Felsen prägen diesen Abschnitt des Wörnitztals. Auf dem Kraterrand steht Schloss Harburg hoch über der gleichnamigen Stadt und der Wörnitz – eine besonders romantische Station an der Romantischen Straße. Spuren aus der Zeit der Römer und der Ritter, Relikte einer jüdischen Gemeinde, Aussichtspunkte, hohe Hügel und Höhlen, Geotope und Geschichte(n) vermitteln hier auf engstem Raum den Themenreichtum im Geopark Ries.

Beginnt man diese Tour in der Stadt **Harburg**, kommt man an Schloss Harburg nicht vorbei. Die Harburg steht auf einem steilen Jurafelsen über einer mehrarmigen Flussschleife der Wörnitz. Die Altstadt ist zwischen dem Burgfelsen und der Wörnitz eingezwängt. Träge und breit fließt der Fluss vorbei, die alte steinerne Brücke verbindet die Flussufer. Vom Felsen am Wedelbuck aus

Im Hof der Hauptburg steht der einst rund 130 Meter tiefe Burgbrunnen vor dem Fürstenbau.

genießt man die Aussicht auf das Schloss auf dem Burgfelsen, tief darunter die Stadt, die Brücke und den Fluss.

Der Burgfelsen war vielleicht schon zu Zeiten der Römer besiedelt. (Beim Inneren Burgtor ist eine römische Spolie eingemauert, die einen Frauenkopf darstellt.) 1093 wird Mathilde de Horeburc als Gemahlin des Grafen Kuno von Lechsgemünd erwähnt: Bei „Horeburc" könnte es sich um Harburg gehandelt haben – ihr Sohn Kuno nannte sich „von Horburg". 1150 wurde die Harburg in einem Brief des Staufers Heinrich IV. (er war der Sohn von König Konrad III.) an seine Verwandte Bertha von Sulzbach (die einzige Deutsche auf dem byzantinischen Thron heiratete 1146 Kaiser Manuel I. und nahm den Namen Irene an) erstmals schriftlich erwähnt. Befunde belegen aber, dass Bauten auf dem Burgfelsen erheblich früher, im 10. und 11. Jahrhundert, errichtet worden waren.

1299 kam die Harburg zunächst als Pfandbesitz, 1418 als Eigentum an die Grafen von Oettingen. Ihnen diente die Harburg von 1493 bis 1549 als Residenz, und sie ließen die Anlage im 15. und 16. Jahrhundert zu einer starken Festung ausbauen. Der Weg hinauf zum Hof

„Holzauge, sei wachsam": Diese Redewendung erklären die sogenannten Holzaugen in den starken Mauern der Harburg.

der Harburg verläuft mit Blick auf massive Mauern und Wehrtürme. Durch das 1594 erbaute Untere Tor, das Innere Tor (im Kern aus dem 12. Jahrhundert) und die Vorburg geht es zum 1616 erneuerten Oberen Tor hinauf. Hinter dem Fallgitter von 1752 ist am Torbogen der längst mumifizierte Schädel eines Wolfes – angeblich der letzte, den man bei Harburg erjagt hat – angenagelt.

Im Hof der Hauptburg stößt man auf die 1562 erbaute Burgvogtei, wo die Burgschenke bewirtet. Das 1594/95 errichtete dreigeschossige Kastenhaus schließt sich südlich daran an. Die Buckelquadermauern des benachbarten Bergfrieds lassen erahnen, dass der quadratische „Diebsturm" das älteste Bauwerk auf der Harburg ist: Er wurde im 12. Jahrhundert errichtet. Mitten im Burghof steht der Burgbrunnen: Sein Schacht ist heute noch 50 Meter tief, früher ging es rund 130 Meter weit hinab. Die Ostseite des Burghofs dominiert der Fürstenbau: Zwei geschwungene Giebel rahmen zur Hofseite hin das 1617/18 errichtete quadratische Treppenhaus. Die Grundmauern des hohen, rechteckigen Fürstenbaus stammen noch von dem im 13. Jahrhundert errichteten

Über dem Oberen Tor der Harburg entdeckt man einen Wolfskopf. Am Mittleren Tor wurde eine römische Spolie – ein Frauenkopf – eingemauert.

Palas. Das Erdgeschoss des benachbarten Saalbaus mit der Dürnitz (ein Speisesaal und Gemeinschaftsraum, der ohne Rauchentwicklung zu beheizen war) entstand 1496.

Romanik, Gotik und Barock – das Innere der Schlosskirche St. Michael verrät drei Bauphasen.

Ein dreiteiliges Epitaph in der Schlosskirche von Harburg zeigt den 1569 verstorbenen Graf Ludwig XVI. zu Oettingen und seine Ehefrauen.

Als dem Saalbau 1717 die oberen Stockwerke aufgesetzt wurden, funktionierte man den „Faulturm“ – den zweiten, im 13. Jahrhundert errichteten Bergfried – zum Treppenhaus mit einer markanten Zwiebelkuppel um.

Mit der Errichtung des Fürstenbaus und des Saalbaus sowie mit dem Umbau der Schlosskirche St. Michael in den Jahren 1720/21 strebte der 1731 verstorbene letzte Fürst der protestantischen Linie Oettingen-Oettingen – Albrecht Ernst II. – an, die wehrhafte Burganlage zum barocken Residenzschloss auszubauen. In der Schlosskirche St. Michael ist kaum zu übersehen, dass es neben einer romanischen und gotischen auch eine barocke Bau- und Ausstattungsphase gab. Im Stil des Barocks entstanden die mit Fürstenhut, Oettingen-Wappen und zwei Engeln verzierte Orgel, die Kanzel, die Stuckaturen und die Deckenfresken der Kirche.

Das Oettingen-Wappen hält eine Personifikation des Friedens in den Stuckaturen des großen Festsaals im zweiten Obergeschoss des Saalbaus. Dieser Raum wurde 1719 respektive 1742 mit Personifikationen des Kriegs und des Friedens über den Kaminen, mit Stuckreliefs von Burglandschaften, mit gemalten Medaillons sowie mit Jagdgemälden an der Decke ausgeschmückt. Die Stuckaturen des Saals sind wie der um 1720 geschaffene Stuck in den Wohnräumen im ersten Obergeschoss des Saalbaus feinstes Spätbarock. Der dortige Deckenstuck zeigt Bandelwerk, Fruchtgirlanden und Vögel, ein Relief verkörpert die griechische Göttin Pallas Athene.

Seit 1731 – seit dem Aussterben der (evangelischen) Linie Oettingen-Oettingen – befindet sich Schloss Harburg im Besitz der im Jahr 1774 gefürsteten (katholischen) Linie Oettingen-Wallerstein, der auch die Schlösser in Wallerstein und Baldern gehören. Die Website der Gemeinnützigen Fürst zu Oettingen-Wallerstein Kulturstiftung (www.burg-harburg.de → geschichte) erklärt mit Luftbild und dazugehöriger Legende 25 Bauten der Harburg.

Zu einem spektakulären Blick auf dieses Schloss kommt man auf dem östlichen Abhang des 570 Meter hohen Bockberges hoch über dem Schloss. Am angrenzenden Hühnerberg stößt man auf den Friedhof der jüdischen Gemeinde von Harburg. Weil die Bevölkerungszahl in

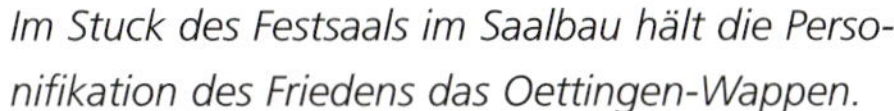

Im Stuck des Festsaals im Saalbau hält die Personifikation des Friedens das Oettingen-Wappen.

Eine bemalte Balkendecke aus der Zeit vor 1500 ziert die ehemaligen Gerichtsräume im Obergeschoss des Kastenhauses von Schloss Harburg.

der Stadt und der Grafschaft durch den Dreißigjährigen Krieg halbiert worden war, durften sich 1671 fünf Juden in Harburg niederlassen. Bis 1754 ließ die jüdische Ge-

Die Stadt unter dem Schloss – die Aussicht vom Wedelbuck auf Harburg und auf die Harburg.

Die Mauern und Türme von Schloss Harburg – gesehen vom Bockberg. Der „Bock" ist einer der höchsten Aussichtspunkte im Geopark Ries.

meinde eine Synagoge am Ufer der Wörnitz bauen. (Das 1938 geschändete Gotteshaus an der Egelseestraße wird heute privat bewohnt.) 1842 hielt der Verfasser eines

Am Hühnerberg hoch über Harburg erinnert ein Friedhof an die ehemalige jüdische Gemeinde.

Vom Gipfelkreuz auf dem Bockberg hoch über Harburg schweift der Blick bis ins nahegelegene Donautal bei Donauwörth.

Reiseführers (Karl Baedeker) fest: „Haarburg, meist von Juden bewohnt". Krieg und Pest hatten Harburg derart entvölkert, dass es trotz vieler zugezogener Einwohner und trotz fünf erhaltener Stadttore (die 1863 aber abgebrochen wurden) erst 1849 zur Stadt erhoben wurde.

Mit seinen rund 5500 Einwohnern ist Harburg nach wie vor eine kleine, aber äußerst sehenswerte Stadt und aus gutem Grund eine Station an der Romantischen Straße. Die engen Gassen und Plätze der Altstadt liegen auf dem schmalen Streifen Land zwischen dem Burgfelsen und der Wörnitz. Mit ihren sieben Bogen überwölbt die 1729 errichtete, 1784 und 1946 zum Teil erneuerte steinerne Brücke den Fluss. Wo die Brücke am Ostufer beginnt, errichtete man 1762 die Brückenmühle: Volutenbänder am Wellengiebel zieren den massigen zweigeschossigen Barockbau. Ein Spaziergang auf der oder über diese Brücke ist ein „Muss". Das Stadtbild unter dem Schloss – gut zu sehen von der neuen Wörnitzbrücke, noch besser vom Felsen am Wedelbuck hoch über der B 25 und der Stadt – prägen die beiden Kirchtürme. Die quadratischen Untergeschosse des Turmes der evangelische Pfarrkirche

Mit sieben Bogen überspannt die alte steinerne Brücke die in Harburg breit strömende Wörnitz.

St. Barbara wurden 1612 teilweise in den Fels hineingebaut. Der Zinnengiebel ihres Turmes lässt die katholische Herz-Jesu-Kirche älter wirken als sie ist: Dieser Sakralbau wurde bis 1903 errichtet. Unter etlichen sehenswerten

An der Ostseite der steinernen Brücke steht die im Stil des Barocks errichtete Brückenmühle.

Vom Ostufer der Wörnitz in Harburg aus fällt der Blick auf die evangelische Pfarrkirche St. Barbara und auf den Giebel der ehemaligen Synagoge.

Gebäuden in der Altstadt ragt – neben der Synagoge – das Rathaus von Harburg hervor. Der dreigeschossige Fachwerkbau stammt im Kern aus dem 15. Jahrhundert.

Beliebte Aktivität bei Gästen in Harburg: paddeln auf der gemächlich dahinfließenden Wörnitz.

Nahe Harburg liegt das Hüllenloch: Eine Sage um die Höhle dreht sich um einen teuflischen Handel in der Zeit des Dreißigjährigen Kriegs.

Geotop, Höhle und Aussichtspunkt: das Hüllenloch und der Blick auf die Harburg

Der Weg von Harburg nach Ronheim führt auf der Staatsstraße 2384 am rechter Hand gelegenen einstigen Prallhang der Wörnitz vorbei. In der 400 Meter langen und 20 Meter hohen Felswand – sie besteht hauptsächlich aus Treuchtlinger Marmor – finden sich Karsthöhlen. Solche Höhlen entstehen da, wo kohlensäurehaltiges Wasser leicht lösliches Karbonatgestein durchdringt. Drei Höhlen stehen hier als Naturdenkmäler unter Schutz, die größte Höhle ist das Hüllenloch. Vom Parkplatz kurz vor Ronheim leitet ein unbefestigter Weg bis zu einer betonierten Treppe, die zum Hüllenloch hinaufführt. Eine Tafel am Fuß dieser Treppe erzählt die Sage von einem Schäfer, den der Teufel zu Zeiten des Dreißigjährigen Kriegs samt einer Goldkiste in der Höhle bannte. Auf dem kleinen Plateau vor dem Eingang zum Hüllenloch liegt ein Aussichtspunkt mit grandiosem Blick auf das nahe Schloss Harburg.

· Harburg, an der Staatsstraße in Richtung Ronheim
· www.geopark-ries.de→Hüllenloch

Hoch über der Wörnitz bei Harburg liegt der Burgstall Wöllwart – am Abhang des Burghügels erhebt sich eine hohe Felsnadel.

Südlich von Harburg – flussabwärts – lässt ein felsiger Geländerücken hoch über der Wörnitz (an der Straße nach **Brünsee** – sehr gut auch von der B 25 aus zu sehen) mehr erahnen als erkennen, dass dort im 12. Jahrhundert die längst untergegangene Burg der Herren von Wellwart stand. Weniger wegen des Burgstalles als vielmehr wegen teils bizarrer Felsen und des spektakulären Blickes über die Wörnitz sowie auf das Zementwerk der Firma Märker lohnt sich der Aufstieg zur Hügelkuppe. Das Harburger Zementwerk, ein riesiger Komplex, ist aus einer 1889 gegründeten Dampfziegelei gewachsen.

In nicht einmal vier Kilometern Entfernung liegt direkt über einem Parkplatz an der B 25 bei Ebermergen das Geotop „Rauhe Birk". Auch auf dieser Felskuppe stand eine Burg. Ein Gedenkstein hält fest: „Mauerreste der ‚Alten Burg'" und „schon im Jahr 1366 Ruine". Auch hier lohnt sich der Weg weniger wegen einiger Steinquader als vielmehr wegen der Aussicht auf das Wörnitztal und den Harburger Ortsteil **Ebermergen**: Dort überwölbt die vermutlich im 17. Jahrhundert erbaute steinerne Brücke mit sechs Bogen den Fluss. Der Blick auf das Flusstal ist

Die Karstquelle von Brünsee: Ein Donauwörther Heimatforscher geht davon aus, das diese Quelle in der Nibelungensage erwähnt wird.

Ein Geotop und die Nibelungensage: die glasklare Karstquelle im Dörfchen Brünsee

Mitten im Dörfchen Brünsee speisen mehrere Quellen einen seichten Teich mit glasklarem Wasser, das hier direkt aus dem felsigen Untergrund hervortritt. Vom Becken des flachen, teils mit Naturstein gefassten Dorfweihers fließt das Wasser dieser Karstquellen in die nahe Wörnitz ab. Die reichlich schüttenden Quellen dienten bis zum Jahr 1974, als auch Brünsee an die Rieser Wasserversorgung angeschlossen wurde, der Wasserversorgung des Ortes. Obwohl das Quellwasser völlig rein ist, wachsen im Teich wegen des hohen Kalkgehaltes Fadenalgen. In der Karstquelle von Brünsee sieht der Donauwörther Kreisheimatpfleger Erich Bäcker das Gewässer aus einer Episode der Nibelungensage. Hagen von Tronje – Siegfrieds Mörder – habe dort drei Schwanenfrauen beim Baden überrascht und ihre Federkleider geraubt. Als er sie dadurch zwang, die Zukunft vorauszusagen, weissagten sie ihm den Tod aller Nibelungen.

· Harburg, Stadtteil Brünsee, im Zentrum des Dorfes
· www.geopark-ries.de → Karstquelle Brünsee

Bei Ebermergen (im Hintergrund) findet man das Geotop „Rauhe Birk". Auf diesem steilen Hügel entdeckt man letzte Mauerreste einer Burg.

wohl der Grund dafür, dass sich entlang der Wörnitz von Harburg bis zum Mangoldstein in **Donauwörth** Burg an Burg reihte: Denn hier führte eine mittelalterliche Heer-, Handels- und Pilgerstraße durch den Sualafeldgau. Das Sualafeld, lange im Besitz der Grafen von Lechsgemünd, erhielt seinen Namen vom Flüsschen Schwalb, das kurz vor dem südlichen Kraterrand in die Wörnitz mündet. Die Straße durch das Sualafeld hatte Donauwörth zum Ziel, da dort der einzige Donauübergang zwischen dem Fränkischen Jura und der Schwäbischen Alb lag – und zugleich der einzige zwischen Ulm und Regensburg. Der Donauwörther Kreisheimatpfleger Erich Bäcker vermutet deshalb, dass auch die Schar der Nibelungen über das Sualafeld zog, um die Donau bei dem um das Jahr 1500 abgegangenen Dorf Moeringen nahe Donauwörth zu überqueren. Auch in der Karstquelle im Harburger Ortsteil Brünsee vermutet der Heimatforscher eine in der Nibelungensage überlieferte Wegstation auf der Route zwischen Worms und dem Hof des Hunnenkönigs Etzel.

Auch das dreieinhalb Kilometer von Ebermergen flussabwärts gelegene **Wörnitzstein**, heute ein Stadtteil von

Hoch über den Dächern von Wörnitzstein überragt die barocke Kapelle auf dem Kalvarienberg das Wörnitztal bei Donauwörth.

Erlebnis-Geotop im Geopark Ries

Das Geotop Kalvarienberg: eine kleine Barockkirche hoch über dem Wörnitztal

Der Kalvarienberg in Wörnitzstein liegt in einem durch den Meteoriteneinschlag verursachten geologischen Trümmerfeld des südlichen Vorrieses. Beim Impakt ausgeworfene Gesteinsbrocken gingen dort 20 Kilometer vom Kraterzentrum entfernt als Bunte Trümmermassen nieder. Der Kalvarienberg in der Dorfmitte – hoch über der Wörnitz – und der nordöstlich auf freiem Feld gelegene Sendenberg überragen dort als ortsfremde Schollen das Dorf. Ein 1,7 Kilometer langer Lehrpfad des Geoparks Ries erläutert mit vier Infotafeln den Einfluss der Auswurfmassen auf die Landschaft, die Natur und auf die Siedlungsgeschichte im Ries. Die Kalvarienbergkapelle wurde 1750 im Auftrag des Kaisheimer Abtes Coelestin I. Meermoos errichtet: Dieses Rokokojuwel (mit einem „teuflischen" Fresko im Inneren) macht das Geotop zum viel fotografierten Motiv.

· Donauwörth, Stadtteil Wörnitzstein, in der Ortsmitte (Am Kalvarienberg), Parkplatz an der Abt-Cölestin-Straße
· www.geopark-ries.de → Lehrpfad Wörnitzstein

Südlich von Harburg überwölbt die steinerne Brücke von Ebermergen die Wörnitz.

Donauwörth, sei ein „Eckpfeiler" bei der Sicherung der Straße durch das Sualafeld gewesen. In Wörnitzstein verbinden acht Bogen der 1948 gebauten steinernen Brücke die Ufer der Wörnitz. Auf dem namensgebenden „Stein", einem steilen Felsen über dem Fluss, steht die kleine Kalvarienbergkapelle, um die herum der Lehrpfad eines der Erlebnis-Geotope im Geopark Ries führt. Von Donauwörth, wo die Wörnitz bei der Insel Ried in die Donau mündet, ist Wörnitzstein wiederum nur rund vier Kilometer entfernt.

Ab Harburg führt der Weg aber auch an der Wörnitz entlang – in Richtung Nordwesten – flussaufwärts und damit zu einem reizvollen Abschnitt des Flusses, der mit etlichen Mäandern den südlichen Rand des Rieskraters durchbricht. Nahe Harburg erstreckt sich der ehemalige Prallhang der Wörnitz östlich des Flusstals: Rechts der Straße (St 2384) kurz vor dem kleinen Ortsteil **Ronheim** stößt man an der steilen Felwand auf Höhlen, darunter das sagenumwobene Hüllenloch. Vor dem Eingang zu dieser Höhle genießt man den Panoramablick auf Schloss Harburg. Rund fünf Kilometer nordwestlich von Harburg liegt **Hoppingen**: Dort spiegelt sich der schon in vorge-

Der Rollenberg liegt in den Trümmermassen zwischen dem inneren und dem äußeren Kraterrand – in der sogenannten Megablockzone.

Ringwall, Wacholderheide und der Blick auf die Wörnitz: der Rollenberg bei Hoppingen

Über der B25 nordwestlich von Harburg erhebt sich der Rollenberg, der das Wörnitztal um mehr als 90 Meter überragt. Seine Höhe und die durch Schafbeweidung entstandene Wacholderheide an den Hängen machen ihn äußerst markant. Wer das 0,8 Hektar große Plateau besteigt, versteht angesichts der weiten Aussicht auf das Wörnitztal, warum dort oben in der Jungsteinzeit, Bronzezeit, Hallstattzeit und Urnenfelderzeit Menschen siedelten. Auf dem Gipfel wurden Relikte eines prähistorischen Ringwalles (65 Meter lang und 65 Meter breit) gefunden. Die Wörnitz, die hier nahe der Mündung der Eger zwischen Heroldingen und Hoppingen das Riesbecken verlässt, umfließt den Rollenberg nördlich und östlich. Sein Gestein ist ein Resultat des Riesimpaktes: Unter ortsfremden Jurakalkschollen liegen verschobene Kalkschollen und Bunte Breccie.

· Harburg, Stadtteil Hoppingen, nordwestlich des Ortes, zum Parkplatz vom Ort aus über den Rollenbergring
· www.geopark-ries.de→Hoppingen

schichtlicher Zeit besiedelte Rollenberg in der Wörnitz. Der schweißtreibende Aufstieg über die Wacholderheide unter dem markanten Gipfel wird mit der Aussicht über das 90 Meter tiefer liegende Flusstal belohnt. An dieser Aussicht lag es wohl auch, dass man heute auf dem Rollenberg ebenso die Relikte eines Ringwalles entdeckt wie – auf der gegenüberliegenden Seite des Wörnitztals – auf einer Anhöhe über dem Harburger Ortsteil **Heroldingen**. Auch vom mehr als 520 Meter hohen Burgberg über diesem Dorf schweift der Blick weit über das Riesbecken. Mit dem Ringwall und dem Burgstall auf dem Burgberg verhält es sich wie mit etlichen prähistorischen Wällen und Burgställen, die in Landkarten mit dem Gebiet des Geoparks Ries eingezeichnet sind. Derartige Bodendenkmäler sind für den ortsunkundigen Besucher im Gelände häufig kaum noch auszumachen. In der Regel lohnt sich der Weg auf solche Hügel wegen der dortigen Landschaft und Natur trotzdem.

Dass die Lage am südlichen Riesrand, wo die Wörnitz den Rand des Rieskraters durchbricht, für jedwede Art von Handel und Verkehr günstig war, zog nach frühen

Der Rollenberg bei Hoppingen: Das Plateau des Hügels hoch über der Wörnitz wurde schon in der Jungsteinzeit und in der Bronzezeit besiedelt.

Das Geotop Glaubenberg bei Großsorheim lässt ein „geologisches Puzzle" erkennen, das selbst für die Experten nur schwer zu lösen ist.

Erlebnis-Geotop im Geopark Ries

Ein chaotisches Mosaik aus Trümmern: das Geotop Glaubenberg bei Großsorheim

Westlich von Harburg erstreckt sich am Südrand des Rieskraters eine bis zu vier Kilometer breite Hügellandschaft, die als Folge des Meteoriteneinschlags von ortsfremden Schollen geformt wurde. Dort liegen – dem äußeren Kraterrand vorgelagert – in der sogenannten Megablockzone teils Kilometer große Gesteinsmassen regellos wie ein riesiges „geologisches Puzzle" durcheinander. Das dort abgelagerte Gestein wurde infolge des Riesimpaktes ausgeworfen oder auch über Land verschoben. Das Geotop Glaubenberg bei Großsorheim lässt in einem früheren Steinbruch eine 150 Millionen Jahre alte deformierte Kalksteinscholle aus dem Weißjura neben einer ortsfremden Sandsteinscholle erkennen, die die Stoßwellen in überwiegend feinkörnigen Sand umwandelten. Ein Sediment-Transfer-Präparat erklärt die im Geotop gefundenen Ablagerungen eines Flusses, der vielleicht in die Ur-Wörnitz mündete.

· Harburg, südich des Stadtteils Großsorheim
· www.geopark-ries.de→Glaubenberg

Über Heroldingen entdeckt man prähistorische Siedlungsspuren und ein Steinlabyrinth von 2005.

prähistorischen Siedlern auch die Römer an. Das belegen die Fundamente des römischen Gutshofs im Harburger Ortsteil **Großsorheim**, die 1988/89 am östlichen Rand dieses Dorfes ergraben wurden. Die Mauern einer Villa

Ende der 1980er Jahre wurde in Großsorheim ein römischer Gutshof mit einem Bad freigelegt.

Die ehemalige Mühle in Wörnitzstein erinnert an die Rolle der Wasserkraftnutzung an der Wörnitz.

Mühlen, Muscheln und Mäander – die Wörnitz teilt das Riesbecken von Nord nach Süd

Die rund 130 Kilometer lange Wörnitz ist ein Fluss, dessen Ursprungstal von den Trümmermassen des Riesimpaktes verschüttet wurde. In Jahrmillionen räumte die Wörnitz ihren ursprünglichen Lauf wieder frei, schwemmte dabei weiche Riesseesedimente aus und formte so das Riesbecken mit. Die Wörnitz fließt zumeist frei, ihre Mäander blieben großteils von Korrektionen unbeeinträchtigt. Ihr (oft von Hochwasser überschwemmtes) Tal ist eines der bedeutendsten Naturschutzgebiete Bayerns. Die Wörnitz gilt als sehr fischreich: Hier findet sich die einzige Brachsenregion im bayerischen Schwaben. Im Fluss sollen (geschätzt) mehr als drei Millionen Muscheln, vor allem Malermuscheln, aber auch Bach- und Teichmuscheln, vorkommen. Die Intaktheit des Flusstals belegen die Weißstörche, die 2018 in 14 Orten im Ries, aber auch in Donauwörth brüteten. Eine Infotafel des Geoparks Ries bei der einstigen Mühle in Wörnitzstein erklärt die Geschichte und Bedeutung der Wörnitz. Bei dem Barockbau am Fuß des Kalvarienberges wird der Mühlbach aus dem Fluss ausgeleitet. Im um 1900 erbauten Turbinenhaus erzeugen Generatoren bis heute Strom.

Der mit einem Spitzhelm bedeckte Kirchturm in Großsorheim entstand bald nach dem Jahr 1400.

rustica liegen in einer Grünanlage im Ort, wo sie jederzeit zugänglich sind. Die Beschilderung erklärt die Anlage des Gutshofs: ein Hauptgebäude mit quadratischem Grundriss und einer Säulenhalle sowie einem antiken Bad samt der Relikte eines Bassins und einer Warmluftheizung (Hypokaustum). Der römische Gutshof wurde wohl unzerstört verlassen, als die Römer die Grenze der Provinz Rätien vom Limes im nahen Mittelfranken an die Donau zurückverlegten. Hoch über dem südlichen Ortsrand von Großsorheim steht die Kirche St. Gallus. Ihr Chorturm wurde zu Beginn des 15. Jahrhunderts erbaut.

Weitere Geotope im Geopark Ries

- **Harburg** Auf dem Wedelbuck, einem Felsen (Malmkalk) am einstigen Prallhang der Wörnitz, liegt eine Aussichtsplattform mit dem Blick auf Schloss, Stadt und Fluss (www.geopark-ries.de → Wedelbuck).
- **Harburg** Am südlichen Stadtrand betreibt die Firma Märker den größten Steinbruch im Geopark Ries. Im nördlichen, schon aufgelassenen Teil dieser Abbaustelle sind autochthone Massenkalke aufgeschlossen (www.lfu.bayern.de → Steinbruch Märker Harburg).

Gut zu wissen – Tourismustipps zum Geopark Ries

- **Tourismus in und um Harburg** Ausführliche Informationen und Prospekte zu Harburg und zur Harburg erhält man auf der Website der Stadt (www.stadt-harburg-schwaben.de→ Tourismus und Freizeit). Das Harburger Amt für Tourismus liegt in der Schloßstraße 1 (im Rathaus), 86655 Harburg (Schwaben). Auskünfte unter Telefon 0 90 80/96 99-24 oder per E-Mail (poststelle@stadt-harburg-schwaben.de).
- **Tourist-Info Donauwörth** Auskunft und Prospekte auch zu Wörnitzstein gibt es bei der Städtischen Tourist-Information Donauwörth, Rathausgasse 1, 86609 Donauwörth, Telefon 09 06/7 89-1 50 oder E-Mail tourist-info@donauwoerth.de, www.donauwoerth.de→Tourismus.
- **Alles zur Harburg** Mit ihrem Internetauftritt informiert die Gemeinnützige Fürst zu Oettingen-Wallerstein Kulturstiftung zu Geschichte und Bauten der Harburg, zu Öffnungszeiten, Führungen und Veranstaltungen (www.burg-harburg.de).
- **Romantische Straße** Harburg ist einer der Höhepunkte an der Romantischen Straße. Im Geopark Ries sind Nördlingen und Donauwörth benachbarte Stationen an der Ferienroute. (www.romantischestrasse.de→Sehenswürdigkeiten Harburg).
- **Planetenweg** Der „Rieskrater Planetenweg", der ab Nördlingen die Dimensionen des Weltalls verdeutlicht, endet auf dem „Bock" über Harburg, wo eine Stele für den Planeten Pluto steht (www.ferienland-donau-ries.de→Planetenweg).
- **Bockrundweg** Zu einem neun Kilometer langen Wanderweg, der von Schloss Harburg über den Hühnerberg bis zum Bockberg führt, informiert www.geopark-ries.de→Bockrundweg.
- **Eisbrunnrundweg** In die Stille des Waldes zwischen Harburg und Mönchsdeggingen lockt dieser ebenfalls neun Kilometer lange Rundwanderweg. Die Tour beginnt beim Parkplatz der Waldschänke in Eisbrunn, das zum Harburger Ortsteil Mauren gehört (www.geopark-ries.de→Eisbrunnrundweg).
- **Pilgerweg** Die Stadt Harburg liegt am Jakobus-Pilgerweg in Bayerisch-Schwaben (www.pilgern-schwaben.de→Harburg).
- **Wörnitzradweg** Die 107 Kilometer lange Radtour führt über Harburg und Wörnitzstein durch das idyllische Wörnitztal bis nach Donauwörth (www.woernitzradweg.de).
- **Brünsee und die Nibelungensage** Mehr zur Forschung um diese Quelle, die an einer alten Heerstraße über das Sualafeld liegt: www.augsburger-allgemeine.de→Nibelungen Brünsee.

In den Trümmermassen südlich des Kraters

Von Donauwörth ins Kesseltal

Amerdingen
Bissingen
Buggenhofen
Burgmagerbein
Diemantstein
Donauwörth
Fronhofen
Gaishardt
Hochstein
Mönchsdeggingen
Oberliezheim
Obermagerbein
Oppertshofen
Stillnau
Thalheim
Unterbissingen
Untermagerbein
Unterringingen
Wörnitzstein

Beim Weg ins stille Kesseltal genießt man unweit von Wörnitzstein diesen Panoramablick auf die Stadtsilhouette von Donauwörth.

Im Tal der Kessel – zur Hanseles Hohl und zu den Schenken von Stauffenberg

Das Kesseltal ist eine stille, hügelreiche Landschaft der Riesalb: Südlich des Kraterrandes erreichen die Auswurfmassen des Riesimpaktes eine Mächtigkeit von bis zu mehr als hundert Metern. Dass die Hügel über der Kesselbachmulde schon früh besiedelt waren, belegen eine Steinzeithöhle, aber auch die Relikte prähistorischer Wallanlagen und etlicher Burgen. Bei der Tour durch das Kesseltal empfiehlt sich die Donaustadt Donauwörth – wo die Kessel in den großen Strom mündet – als Ausgangspunkt.

Zwar mündet die Kessel südlich von **Donauwörth** in die Donau, doch der landschaftlich reizvollere Auftakt einer Tour durch das Kesseltal liegt nördlich der Donaustadt. Wegen der Panoramasicht auf Donauwörth bieten sich der Weg über die B 25 sowie der nahe Abzweig in Richtung des Stadtteils **Wörnitzstein** an. Über die steinerne Wörnitzbrücke, vorbei am Geotop Kalvarienberg und an

Der Turm der Wallfahrtskirche Mariä Himmelfahrt überragt Buggenhofen und das Rohrbachtal.

der Mühle am Wörnitzufer, führt der Weg durch den Forst auf schmalen Landsträßchen nach **Oppertshofen**. Die dortige kleine evangelische Kirche St. Blasius wurde bis 1671 erbaut, nachdem eine Vorgängerkirche 1639 – im Dreißigjährigen Krieg – zerstört worden war. Das Dorf soll damals nur noch aus drei Häusern bestanden haben.

Von außen nicht viel imposanter wirkt die Wallfahrtskirche Mariä Himmelfahrt im nur dreieinhalb Kilometer westlich gelegenen Dörfchen **Buggenhofen**. Die Kirche im Rohrbachtal wurde zwischen 1471 (als eine „wundertätige" Muttergottesfigur aufgefunden wurde) und 1487 errichtet sowie 1678/1680 umgebaut. Der barocke Zwiebelturm wurde 1702/03 aufgestockt. Das Innere des äußerlich eher schlichten Sakralbaus wurde anlässlich des 300-jährigen Wallfahrtsjubiläums prächtig mit Stuck verziert. Johann Baptist Enderle aus Donauwörth malte die Fresken im Chor, im Langhaus, in den Abseiten, an und unter der Empore sowie in der Vorhalle. Auch zwei Altargemälde sind Werke Enderles. Den Altar schmückt eine Mitte des 17. Jahrhunderts geschnitzte Kopie des Gnadenbildes. Zahlreiche Votivtafeln aus dem 18. und 19. Jahrhundert belegen die Anziehungskraft der Wall-

Um 1770 schuf der Donauwörther Johann Baptist Enderle der Fresken der Kirche in Buggenhofen.

fahrtskirche in Buggenhofen. Am Chorbogen entdeckt man auch hier das Wappen der Grafen von Oettingen.

Dieser Wallfahrtsort im Landkreis Dillingen a.d. Donau ist ein Ortsteil des zwei Kilometer westlich über der Kessel gelegenen **Bissingen**. Bissingens Mitte lässt mit einem Ensemble – dem Schloss, der Pfarrkirche St. Peter und Paul, dem Pfarrhaus und dem ehemaligen Deutschordenshaus – die frühere Bedeutung des Ortes erahnen. Dort befand sich seit 1271 eine Burg der Grafen von Oettingen. Der Landsknechtsführer Sebastian Schertlin von Burtenbach, der 1557 die Herrschaft Hohenburg-Bissingen erwarb und dort die Reformation einführte, ließ das heutige Schloss 1560 erbauen. Der Augsburger Stadthauptmann hatte seinen Reichtum unter anderem bei der unrühmlichen Plünderung Roms – beim Sacco di Roma von 1527 – erworben. Weil sich Schertlin auch als Söldnerführer im Krieg gegen die Türken bewährte, wurde er 1534 von Kaiser Karl V. geadelt. Als er jedoch als Anführer protestantischer Truppen im Schmalkaldischen Krieg (1546/47) gegen Karl V. kämpfte und sich 1548 in die Dienste des Königs von Frankreich begab, wurde Schertlin geächtet, sein Besitz eingezogen. Doch

Die Kessel ist nur gut 40 Kilometer lang: Dieses Flüsschen durchzieht – hier nahe Thalheim – ein von Felsen und Trockenrasen geprägtes Tal.

Die Kessel – das Mühlenflüsschen gab dem idyllischen Kesseltal seinen Namen

Das stille Kesseltal ist nur wenig bekannt – und doch eine der reizvollsten Landschaften im Geopark Ries. Die lediglich 41 Kilometer lange Kessel gab diesem eigentümlichen Tal den Namen. Die Quelle und die Mündung der Kessel liegen im Landkreis Donau-Ries: Sie entspringt am Hungerberg bei Aufhausen, einem Ortsteil der Gemeinde Forheim, und mündet bei Donauwörth in die Donau. Den spektakulärsten Streckenabschnitt des Flüsschens entdeckt man jedoch im Landkreis Dillingen a. d. Donau: Zwischen Diemantstein und Hochstein mäandert die Kessel in vielen Schleifen durch ihr von Felsen und Trockenrasen geprägtes Tal. Die Hohenburger Mühle bei Fronhofen erinnert daran, dass dieses Mühlenflüsschen einst 19 Mahlwerke antrieb. Heute liegt das mehr als 1000 Hektar große Landschaftsschutzgebiet Oberes Kesseltal zu gut zwei Dritteln im Landkreis Dillingen a. d. Donau, zu einem knappen Drittel im Landkreis Donau-Ries. Der Geopark Ries hat eine „Kesseltal-Runde" für Radler (53 Kilometer, ab Donauwörth) konzipiert (www.geopark-ries.de → Kesseltal-Runde).

Das Schloss und die Pfarrkirche St. Peter und Paul dominieren das Ortszentrum von Bissingen.

als der Landsknechtsführer 1553 einen Friedensvertrag zwischen Frankreich sowie den Protestanten mit dem katholischen Kaiser vermittelte, wurde er von Karl V. begnadigt. Kaiser Ferdinand I. erhob Schertlin 1559 sogar zum kaiserlichen Rat – der nunmehr das Bissinger Schloss bauen konnte. Das Schloss, das 1661 in den Besitz des Hauses Oettingen-Wallerstein kam, ist ein dreigeschossiger Bau mit Wellengiebel. Von der bis 1860 teils abgetragenen Befestigung um den früheren Schlosshof sind noch zwei sechseckige Türme (von 1564) erhalten. Die Nordseite der Festungsanlage bezog die Pfarrkirche St. Peter und Paul mit ein. Schloss Bissingen wird privat bewohnt und ist daher nur von außen zu besichtigen.

Bissingen ist in allen Himmelsrichtungen von weiteren sehenswerten Dorfkirchen umgeben. Zwei Kilometer nördlich liegt **Stillnau**. Dort ließ Graf Wilhelm IV. von Oettingen-Wallerstein (sein Wappen sieht man am Westportal) von 1669 bis 1672 die Wallfahrtskirche St. Alban bauen. Unter den sakralen Kunstwerken der früher berühmten Wallfahrtskirche ragen um 1490 entstandene Figuren der Muttergottes und des heiligen Alban heraus. Ein Glanzlicht aus dem Zeitalter des Barocks ist die

Die Wallfahrtskirche St. Alban in Stillnau wurde zwischen 1669 und 1672 errichtet.

figurenreiche Kanzel, die Johann Georg Bschorer aus dem Fugger'schen Herrschaftsort Oberndorf im Lechtal 1738 gestaltete. Dieser in Augsburg ausgebildete Bildhauer stand von 1720 bis 1723 in Diensten des Grafen

Die Kanzel und die Orgel der Kirche in Stillnau sind Meisterwerke im Stil des Barockzeitalters.

von Oettingen-Wallerstein, für den er die Wallersteiner Pestsäule schuf. Den dreiteiligen Prospekt der barocken Orgel in Stillnau zierte der Wallersteiner Hofbildhauer Thomas Gesele 1763 mit drei farbig gefassten Figuren (König David mit der Harfe und zwei Flöten spielende Engel) sowie mit Saiteninstrumenten und Blumenvasen.

Ungefähr zwei Kilometer südöstlich von Bissingen liegt **Unterbissingen**. Die dortige, im 13. Jahrhundert erbaute Kirche St. Ulrich wurde im 14. und 15. Jahrhundert nach Osten hin verlängert. Im Inneren entdeckt man Wandmalereien aus der zweiten Hälfte des 15. Jahrhunderts sowie um 1500 geschaffene Büsten der Heiligen Ulrich und Zeno. Außen über der Eingangstür sieht man eine Tonfigur des heiligen Ulrich aus der Zeit um 1500.

Südwestlich von Bissingen steht im knapp zweieinhalb Kilometer entfernten **Gaishardt** die Kirche St. Vitus und Rochus. Ihr Langhaus ist im Kern noch romanisch, der Chor entstand wohl im 13. Jahrhundert, der Turm um 1450. Im Langhaus finden sich die Fragmente gotischer Wandmalereien. Mehrere gotische Heiligenfiguren aus den Jahrzehnten von 1480/90 bis um 1530 sind zu sehen.

In der Kirche von Gaishardt sind Wandmalereien aus dem 15. Jahrhundert als Fragmente erhalten.

In spektakulärer Lage auf einem Felsen hoch über dem Kesseltal steht die Kapelle St. Margaretha über dem Bissinger Ortsteil Hochstein.

Zwei Kilometer südwestlich von Gaishardt liegt der Bissinger Ortsteil **Oberliezheim**. Ein herausragendes Kunstwerk in der dortigen, 1779/80 errichteten Barockkirche St. Leonhard ist die überlebensgroße Madonnenfigur, die um 1520 vermutlich in einer Memminger Werkstatt geschnitzt wurde.

Gut anderthalb Kilometer westlich von Bissingen – im Ortsteil **Hochstein** – ragt die Ende des 17. Jahrhunderts errichtete Kapelle St. Margaretha auf einem steil abfallenden Felsen hoch über dem Dorf im Kesseltal empor. Nicht die Architektur und Ausstattung sind an diesem Bau das Faszinierende, sondern die malerische Lage und der Panoramablick vom ehemaligen Burgfelsen. Vor der Kapelle stand dort (wohl ab dem 12. Jahrhundert) eine Burg, die Mitte des 17. Jahrhunderts zerstört wurde.

Zwei Sakralbauten findet man viereinhalb Kilometer nordwestlich von Bissingen im Ortsteil **Fronhofen**. Am nördlichen Dorfrand wurde 1863 die neuromanische Marienkapelle errichtet. Sehr viel geschichtsträchtiger ist die Pfarrkirche St. Michael auf einem bewaldeten Hügel

Auf dem Michelsberg hoch über dem Kesseltal bei Fronhofen: die Wallfahrtskirche St. Michael.

über dem nördlichen Ortsrand. Der Michelsberg wurde schon in prähistorischer Zeit besiedelt: In der Hanseles Hohl genannten Höhle in der Nordflanke des Hügels

Über dem bewaldeten Westhang des Michelsberges – von Thalheim aus gesehen – erhebt sich der barocke Zwiebelturm der Kirche St. Michael.

Die Hanseles Hohl im Michelsberg erinnert an Kannibalismus unter Steinzeitmenschen – und an das Grauen des Dreißigjährigen Kriegs im damals weitgehend entvölkerten Dorf Fronhofen.

Kannibalismus und Sagen im Michelsberg: die Höhle Hanseles Hohl bei Fronhofen

Bei der Kirche St. Michael bei Fronhofen entdeckt man auf halber Höhe der steil abfallenden, bewaldeten Nordseite des Michelsberges eine Höhle. Sie wird Hanseles Hohl genannt: Einer Lokalsage nach hat sich dort ein „Hansele" – angeblich der letzte männliche Einwohner des Dorfes Fronhofen – im Dreißigjährigen Krieg vor der im Kesseltal marodierenden schwedischen Soldateska versteckt. Gesichertere Erkenntnisse erbrachten jene Grabungen, bei denen in der Höhle der Zahn eines (Alt-)Steinzeitmenschen gefunden wurde. Angekohlte menschliche Knochen fanden sich in den Relikten einer Feuerstelle vor der Hanseles Hohl – ein Hinweis auf Kannibalen, die während der Jungsteinzeit in dieser Höhle hausten.

- Bissingen, Ortsteil Fronhofen, nördlich St. Michael 30 Meter auf unbefestigtem Weg abwärts, Parkplatz bei der Kirche
- www.geopark-ries.de → Hanseles Hohl
- www.ferienland-donau-ries.de → Hanseles Hohl

Relikt eines Wehrturmes der Ruine Hohenburg: Steine dieser Burg bei Fronhofen und Thalheim wurden für den Bau von St. Michael verwendet.

fand man Relikte von Steinzeitmenschen: Sie frönten dort dem Kannibalismus. Mehrere Wälle könnten darauf hinweisen, dass der Michelsberg als prähistorische Kultstätte oder Zufluchtsort diente. Um das Jahr 1100 stand dort wohl eine Burg der Herren von Fronhofen. Die Anfänge der Kirche St. Michael – die auf dem Areal der ehemaligen Vorburg erbaut wurde – liegen im 14. oder 15. Jahrhundert. Der Weg hinauf zur Kirche führt an den Stationen eines Kalvarienberges vorbei. Votivtafeln in St. Michael belegen die große Beliebtheit der von einer Friedhofsmauer umgebenen Wallfahrtsstätte.

Turm und Sakristei der Michaelskirche wurden um 1745 aus Steinen gebaut, die von der benachbarten Burgruine Hohenburg stammten. Die von Bäumen und Buschwerk überwucherten Mauerreste dieser Burg entdeckt man auf einem hohen Hügel – einem isolierten Kalksteinriff, das sich zwischen Fronhofen und dem einen Kilometer westlich gelegenen Bissinger Ortsteil **Thalheim** hoch über einer engen Flussschleife der Kessel erhebt. Von Thalheim aus führt der Weg auf einer Fußgängerbrücke über das Flüsschen und von da über einen unbefestigten

Am Fuß des Burghügels der Hohenburg zwischen Fronhofen und Thalheim trieb die kleine Kessel das Mahlwerk der Hohenburger Mühle an.

und teils steilen Pfad zur Ruine hinauf. Von der Burg ist im bewaldeten Gelände außer Steinschutt insbesondere noch der wenige Meter hohe Rest eines Wehrturmes auszumachen. So wenig von der Hohenburg übrig blieb, so bedeutend waren die Hohenburger zeitweilig für das Kesseltal. Sie hatten die mit ihnen verwandten Herren von Fronhofen beerbt. Auch nachdem die Herrschaft Hohenburg-Bssingen im Jahr 1281 an die Grafen von Oettingen gefallen war, blieb die Hohenburg zunächst der Verwaltungssitz. Erst Sebastian Schertlin verlegte die Verwaltung um 1560 in sein neues Schloss in Bissingen.

Am Fuß des Burghügels – zwischen Fronhofen und Thalheim – liegt die Hohenburger Mühle. Ihr Name erinnert nicht nur an die untergegangene Burg, sondern auch daran, dass die Wasserkraft des Flüsschens Kessel einstmals die Räder etlicher Mühlen antrieb. Die im frühen 19. Jahrhundert erbaute Hohenburger Mühle liegt in dem von Felsen gesprenkelten und von Magerrasen dominierten Landschaftsschutzgebiet Oberes Kesseltal. Dort hat der Riesimpakt die Bunten Trümmermassen mit einer Mächtigkeit von bis zu mehr als hundert Metern

Der Blick aus dem Kesseltal bei Thalheim auf den Zwiebelturm der Kapelle Maria Hilf in Fronhofen.

abgelagert. Dieser vom Straßenverkehr weitgehend unberührten stillen Hügellandschaft verleiht insbesondere das Farbenspektrum in den Herbst- und Wintermonaten einen ganz eigentümlichen Reiz.

Der weite Rieser Abendhimmel überwölbt die Hangkante im Oberen Kesseltal bei Thalheim.

Der Kirchturm von St. Nikolaus in Untermagerbein wurde um 1587 über den Mauern einer Chorturmkirche aus dem 14. Jahrhundert erhöht.

In dieser Landschaft – etwas nördlich von Fronhofen – liegen auch die Bissinger Ortsteile **Burgmagerbein** und **Obermagerbein**. Der nach Hunger und Not klingende, 1139 erstmals erwähnte Name Magerbein erinnert an die vom 12. Jahrhundert bis 1365 durch Urkunden fassbaren Herren von Magerbein. Burgmagerbein trägt jedenfalls eine Burg im Namen, von der längst nichts mehr erhalten ist. Die neugotische Kapelle St. Martha steht am Platz dieser untergegangenen Burg, die sich auf einer Hangkante hoch über dem Kesseltal erhob.

An diesem Abschnitt der Kessel – bei der nördlichsten Windung des Flusstals – liegt das Dorf **Untermagerbein**. Es ist ein Ortsteil des drei Kilometer nördlich vom Rand des Rieskraters und im Landkreis Donau-Ries gelegenen **Mönchsdeggingen**. Ein Chorturm der Kirche St. Nikolaus in Untermagerbein, errichtet in der ersten Hälfte des 14. Jahrhunderts, bildet heute das Untergeschoss des um 1587 aufgestockten und mit einem Satteldach gedeckten Kirchturmes. Die Schießscharten im Untergeschoss lassen vermuten, dass auch die Nikolauskirche in Untermagerbein ursprünglich als Wehrkirche angelegt war.

Hoch über Diemantstein erinnert die Pfarrkirche St. Ottilia an die verschwundene Stammburg der Herren Stein zu Diemantstein.

Kurz nach dem südlichen Ortsrand von Thalheim ergibt sich die freie Sicht auf den markanten Mittelpunkt des Bissinger Ortsteils **Diemantstein** – die 1761 vom Augsburger Reichsstift St. Ulrich und Afra auf einem hohen, steil abfallenden Felsbuckel direkt über der Kessel errichtete Kirche St. Ottilia. Der Bau entstand am Platz der Kapelle einer Burg der Herren von Diemanstein. Das aus der Ferne mittelalterlich wirkende Gotteshaus ist relativ neu: Nachdem die Kirche 1876 eingestürzt war, wurde ihr Ostturm neu gebaut und das Langhaus verlängert. Sogar erst 1963 entstand der Satteldachturm an der Nordwestecke des Baukomplexes. Das Innere birgt weitaus ältere Kunstschätze: Eine geschnitzte Madonnenfigur sowie Figuren der Maria und des Johannes entstanden vor 1500. Von der 1826 abgebrochenen Burg der Herren von Diemantstein blieb der südöstlich der Kirche gelegene weite Vorhof erhalten, den Ökonomiegebäude aus dem 17. und 18. Jahrhundert umgeben.

Die Stein zu Diemantstein hatten sich nach ihrer in den 1140er Jahren entstandenen Stammburg genannt. Zu Anfang des 18. Jahrhunderts erreichten die Diemant-

Die Kapelle St. Martha in Burgmagerbein steht an einem Steilhang hoch über der Kessel. Früher befand sich dort wohl die namensgebende Burg.

Über der Kessel – der Aufschluss bei der Kapelle St. Martha in Burgmagerbein

Durch das Dorf Burgmagerbein verläuft die Staatsstraße 2221. Parallel zur Straße liegen – rund zwei Kilometer südlich des Rieskraterrandes – am westlichen Ortsrand mehrere Ausbisse von autochthonem, also vor dem Riesereignis abgelagertem Malmkalk aus dem Oberjura (auch: Weißjura). Weil die Kessel an dieser Stelle (unterhalb der kleinen neugotischen Kapelle St. Martha) vor dem Höhenzug fließt, ist die steile Hangkante vom Tal aus nicht zugänglich. Südlich von Burgmagerbein – direkt an der Straße in Richtung Bissingen – liegt zudem ein aufgelassener Steinbruch mit autochthonem Jurakalkstein (Treuchtlinger Marmor) sowie mit Bunter Breccie – Trümmermassen des Riesereignisses. Das Bayerische Landesamt für Umwelt hat diesen Aufschluss als geowissenschaftlich „besonders wertvoll" eingestuft.

· Bissingen, Ortsteil Burgmagerbein, an der Staatsstraße 2221 im Ort nahe der Kapelle St. Martha ins Kesseltal abbiegen
· www.geopark-ries.de→Burgmagerbein

steiner ihre Erhebung in den Grafenstand, doch 1730 starb die Familie aus. Ein Epitaph in der Kirche St. Ottilia zeigt den 1669 verstorbenen Reichsritter Johann Stephan von und zu Diemantstein als Ganzfigur in voller Rüstung.

Das untergegangene Schloss der Herren von Diemantstein ist auf dem Grabmal Hans von Diemantsteins in der Kirche St. Laurentius in **Unterringingen** (nur anderthalb Kilometer westlich von Diemantstein) zu sehen. Der im Jahr 1525 Verstorbene ist ebenfalls als gerüsteter Ritter dargestellt. Die Anfänge der im frühen 19. Jahrhundert erweiterten einstigen Chorturmkirche liegen im 14. oder 15. Jahrhundert. Im 15. Jahrhundert entstanden jedenfalls die gotischen Deckenmalereien im Chor, die (fragmentarisch) Christus und Evangelistensymbole darstellen.

Diemantstein und Unterringingen liegen an einer Landstraße, die in Richtung Westen nach **Amerdingen** führt. Amerdingen zählt nur wenige hundert Einwohner, doch in der Dorfmitte – an der Graf-Stauffenberg-Straße –

Das Epitaph Bernhard Schenk von Stauffenbergs entdeckt man in der Amerdinger Schlosskirche St. Vitus. Ein Denkmal mit einem Porträtrelief des bayerischen „Märchenkönigs" König Ludwigs II. steht auf dem Platz vor dieser Kirche.

Das Allianzwappen Stauffenberg und Zobel am Chorbogen der Amerdinger Pfarrkirche St. Vitus.

Das Schloss und die Kirche – Denkmäler der Schenken von Stauffenberg in Amerdingen

1574 verkauften die Herren von Scheppach ihr mittelalterliches Schloss in Amerdingen an Hans Schenk von Stauffenberg. Dieser begründete mit dem Erwerb des Ritterguts im Kesseltal die Amerdinger Linie der Stauffenberg, die (1262 erstmals schriftlich genannt) dem deutschen Uradel angehören. Seit 1833, als alle anderen Stauffenberg'schen Linien ausgestorben waren, entstammen sämtliche Schenken von Stauffenberg der Amerdinger Linie. Dies gilt auch für den Hitler-Attentäter Claus Schenk Graf von Stauffenberg, der Amerdingen aber nur von Besuchen kannte. Adolf Hitler hatte die Ermordung der gesamten Familie befohlen. Sie wurde jedoch nach ihrer Gefangenschaft in einigen Konzentrationslagern von Soldaten der US-Army befreit. Heute betreiben die von Stauffenberg in und bei Amerdingen Land- und Forstwirtschaft. Das Rentamt wurde zum Hotel Garni, der „Schießclub Graf von Stauffenberg e.V." ist unter Jägern bekannt. Ein Epitaph Bernhard Schenk von Stauffenbergs (von 1609) und ein Allianzwappen in St. Vitus zählen wie das bis 1784 erneuerte Schloss zu den Denkmälern der Grafen von Stauffenberg in Amerdingen.

Das Schloss in Amerdingen ist ein dreigeschossiger Walmdachbau, der von 1784 bis 1788 im Stil des Klassizismus errichtet wurde. Ein Stauffenberg-wappen ziert den Dreiecksgiebel.

überrascht ein weiter Platz mit dem beeindruckenden Ensemble des Schlosses der Grafen von Stauffenberg und der benachbarten Schlosskirche St. Vitus. Ebenfalls eher überraschend ist, dass man dort auf ein Denkmal stößt, dessen bronzenes Porträtrelief den bayerischen Märchenkönig Ludwig II. darstellt. Davon abgesehen, ist Amerdingen überall von der Geschichte, den Bauten

Weitere Geotope im Geopark Ries

- **Amerdingen** Ein ehemaliger Steinbruch lässt hier zwei Arten von Suevit erkennen. Der schlecht zugängliche Bruch steht jedoch großteils unter Wasser (www.geopark-ries.de → Suevitbruch Amerdingen).
- **Aufhausen** In den Bunten Trümmermassen liegt ein früherer Steinbruch mit allochthonen Malmkalken (www.geopark-ries.de → Aufschluss Aufhausen).
- **Bollstadt** Ein Aufschluss zeigt Suevit mit Einschlüssen aus Grund- und Deckgebirge (Lias, Doggersandstein und Malmkalke), unterlagert von Bunter Breccie (www.geopark-ries.de → Aufschluss Bollstadt).

und den Denkmälern der Grafen von Stauffenberg geprägt. Der erstmals 1270 urkundlich erwähnte Ort fiel durch die Heirat mit der Witwe des letzten Herrschaftsinhabers aus der Familie der Herren von Scheppach an Hans Schenk von Stauffenberg. Der pfalz-neuburgische Rat erwarb 1574 auch das mittelalterliche Schloss.

An der Stelle des Vorgängerbaus ließ der Fürstbischöflich Würzburgische Staatsminister Johann Franz de Paula Schenk von Stauffenberg zwischen 1784 und 1788 einen Neubau im Stil des Klassizismus errichten. Im Dreiecksgiebel der Schaufassade sieht man das Allianzwappen Stauffenberg-Zobel. Auch am Chorbogen in der 1755 neu gebauten Schlosskirche St. Vitus entdeckt man ein Stauffenberg-Wappen. An frühere Ortsherren erinnern Reliefs gerüsteter Ritter auf den steinernen Epitaphen des 1527 verstorbenen Veit von Scheppach und des 1609 verstorbenen Bernhard Schenk von Stauffenberg.

Gut zu wissen – Tourismustipps zum Geopark Ries

- **Tourismus im Kesseltal** Auskunft und Prospekte erhält man beim Tourismusbüro der Marktgemeinde Bissingen, Am Hofgarten 1, 86657 Bissingen, Telefon 0 90 84/96 97-0, markt@bissingen.de, www.bissingen.de → Sehenswertes.
- **Kirchen in Bissingen** Kurzporträts der vielen sehenswerten Sakralbauten findet man unter www.bissingen.de → Kirchen.
- **Bissinger Auerquelle** Wohl als eine Folge des Riesimpaktes entstand eine Mineralquelle mit konstant elf Grad warmem Wasser. Das Mineralwasser wird im Handel vertrieben.
- **Zeltplatz** Bissingen informiert auch zum Jugendzeltlagerplatz „Michelsberg" (www.bissingen.de → Freizeit).
- **Führungen im Amerdinger Schloss** Zu Schlossführungen informiert das „Hotel Garni Jägerhof Graf Stauffenberg", Telefon 0 90 89/7 40, info@jaegerhof-grafstauffenberg.de, www.schlossamerdingen.de → Führungen.
- **Hügelwanderweg im Kesseltal** Ein knapp 13 Kilometer langer Wanderweg durch das stille Kesseltal führt auf die Hügelkuppen über dem Fluss, unter anderem zur Kirche auf dem Michelsberg und zur Höhle Hanseles Hohl. Der Wanderweg kann mit einem „Michelsberg-Rundweg" kombiniert werden (www.bissingen.de → Hügelwanderweg).

Vom Kraterrand auf die Monheimer Alb

Zu Städteromantik und Astronauten

Alerheim
Bühl im Ries
Fünfstetten
Gosheim
Huisheim
Monheim
Otting
Rögling
Tagmersheim
Warching
Weilheim
Wemding

Das Luftbild zeigt den Ring des Stadtgrabens, der sich noch immer um die gesamte, gut erhaltene romantische Wemdinger Altstadt zieht.

In zwei altbaierischen Städten zu Wasser, Wallfahrten und Mondfahrern

Der Weg in den Geopark Ries lohnt sich wegen der Landschaft – und wegen der Städtelandschaft. Zwei Städte voller Geschichte und Geschichten liegen im Osten des Geoparks Ries nur zehn Kilometer auseinander. In der Wallfahrts- und Fuchsienstadt Wemding entdeckt man neben dem reizvollen Stadtbild schauerliche Denkmäler des Hexenwahns, Relikte der frühneuzeitlichen Wasserversorgung, die Spuren von Mondfahrern und die älteste Stiftung Deutschlands. In Monheim trifft man auf ein Stadtbild wie aus einem Spitzweg-Idyll sowie auf Spuren Martin Luthers. Drum herum: sehenswerte Dörfer, Aussichtspunkte und Geotope.

Wemding und **Monheim** sowie die benachbarten Dörfer liegen in Bayerisch-Schwaben. Und doch bewegt man sich hier in der altbaierischen Ecke des Geoparks Ries. So schenkte (der spätere) Kaiser Karl „der Große" jene alamannische Siedlung, aus der Wemding werden sollte,

Am Wemdinger Marktplatz: die Türme der Stadtpfarrkirche St. Emmeram, direkt davor die ehemalige Stadtmetzg, daneben das barocke „Gasthaus zur Krone" und das Renaissancerathaus.

798 dem Kloster St. Emmeram in Regensburg. Zwar erwarben 1306 die (schwäbischen) Grafen von Oettingen den Ort, der 1318 das Stadtrecht erhielt. Doch 1467 fiel diese Stadt an den Wittelsbacherherzog Ludwig „den Reichen" von Bayern-Landshut – und gehörte von nun an zum Herzogtum Baiern. Zu den Parallelen in der Historie Monheims gehört, dass diese im 7. oder 8. Jahrhundert entstandene Siedlung – ebenfalls unter den Grafen von Oettingen – um 1340 das Stadtrecht erhielt. Doch seit 1505 gehörte das Ackerbürgerstädtchen zum wittelsbachischen Herzogtum Pfalz-Neuburg. Und beide Städte – Wemding wie Monheim – liegen am selben sprachlichen „Dreiländereck", wo das Schwäbische, das Altbairische und das Fränkische aufeinandertreffen.

Was man von Wemding schon von Weitem sieht, sind die wuchtigen Doppeltürme der katholischen Stadtpfarrkirche St. Emmeram. Der Bau dieser Kirche geht auf ein Gelübde Mangolds I. von Werd (Donauwörth) zurück, der 1027 versprach, nach seiner glücklichen Heimkehr aus Konstantinopel in Wemding eine Kirche bauen zu

Das Amerbacher Tor – eines von zwei erhaltenen Stadttoren der Wemdinger Stadtbefestigung: Dieser Torturm ist mehr als 30 Meter hoch.

lassen. St. Emmeram entstand ab 1030 und wurde baulich mehrmals verändert. Die markanten Obergeschosse der Türme wurden zum Beispiel erst 1661/62 aufgesetzt. Das Langhaus ist ein barocker Saalbau vom Anfang des 18. Jahrhunderts. Die Türme dieser Kirche, davor die Fassaden des Renaissancerathauses von 1551/52 und des 1727 erbauten „Gasthauses zur Krone“ (den barocken Giebel zieren Schneckenvoluten, Lisenen und Obelisken) sowie der traufseitige Bau der Stadtmetzg (Marktplatz 1 bis 3) ergeben zusammen mit der goldglänzenden Figur der Patrona Bavariae auf dem Brunnenpfeiler am Marktplatz eine der intaktesten Stadtansichten im bayerischen Schwaben. In der 1482 errichteten und 1540 erweiterten Stadtmetzg arbeitet nun die Stadtverwaltung.

Um dieses Ensemble gruppieren sich viele Baudenkmäler, etwa am Rand des Marktplatzes das Fuchshäuschen: Das Geburtshaus des Arztes und Botanikers Leonhart Fuchs ist ein „Zwergenhäuschen“: Die Giebelseite am Marktplatz ist anderthalb Meter breit. An der Fassade erinnert eine Gedenktafel an den Humanisten, nach dem die Fuchsie benannt ist, weshalb sich Wemding „Fuchsien-

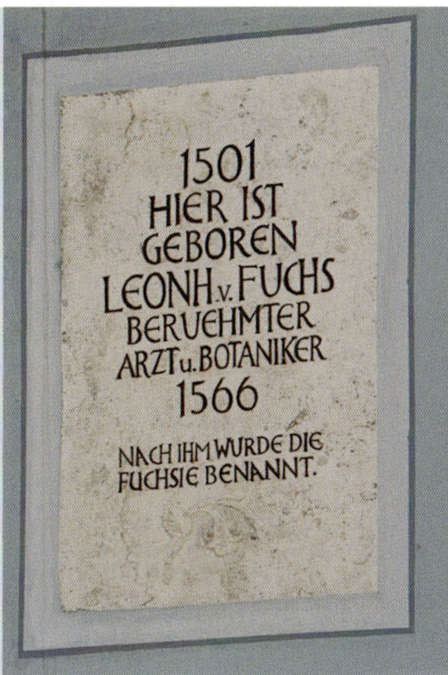

Der 1501 in Wemding geborene Leonhart Fuchs gilt als ein „Vater der Botanik". Die Gedenktafel am Fuchshäuschen am Rand des Marktplatzes erinnert an den bekanntesten Sohn der Stadt.

Leonhart Fuchs: der Wemdinger Botaniker, nach dem die Fuchsien benannt wurden

Am Rand des Wemdinger Marktplatzes steht das Geburtshaus von Leonhart Fuchs, der dort am 17. Januar 1501 zur Welt kam. Dieses Gebäude ist ein kurioses, sehr schmalbrüstiges „Zwergenhäuschen": Die barocke Giebelfront am Marktplatz ist gerade einmal anderthalb Meter breit. Die Inschrift auf der steinernen Gedenktafel am Geburtshaus des bekanntesten Wemdingers verrät neben dem Geburts- und Todesjahr von Leonhart Fuchs – 1501 und 1566 – in fünf Textzeilen: „Hier ist geboren Leonh. v. Fuchs beruehmter Arzt u. Botaniker". Und darunter steht zu lesen: „Nach ihm wurde die Fuchsie benannt." Leonhart Fuchs erhielt den Beinamen „Vater der Botanik": Sein Hauptwerk ist das – 1542 auf Lateinisch, 1543 in deutscher Sprache herausgebrachte – „New Kreuterbuch". Die Fenster des Geburtshauses des in Tübingen verstorbenen Wemdingers zieren Blumenkästen mit Fuchsien. Eine neue Fuchsienzüchtung erhielt 1993 den Namen „Wemding". Die Stadt veranstaltet jährlich einen Fuchsien- und Kräutermarkt.

stadt" nennt. Wer dieser Postkartenidylle den Rücken zukehrt, sieht an der Barockfassade des „Gasthauses zur Sonne" (Marktplatz 9) zwei steinerne Gedenktafeln, die an die Aufenthalte Kaiser Karls V. und der Astronauten von zwei Mondflügen – Apollo 14 und Apollo 17 – in Wemding erinnern. Kaum zu übersehen ist auch das Amerbacher Tor in der Wallfahrtsstraße – ein Relikt der Stadtmauer – und das benachbarte, um 1550 erbaute „Gasthaus zum Weißen Hahn".

Aus der Vogelperspektive oder bei einem Stadtrundgang erschließt sich der Rest der Stadtbefestigung. Von einstmals 33 Türmen in der 1817 abgebrochenen oder seitdem zum Teil überbauten Stadtmauer rund um die Altstadt sind ein weiterer Torturm (das Nördlinger Tor an der Nördlinger Straße) und drei Mauertürme erhalten.

In einem der Mauertürme widmet sich Wemding einem schaurigen Kapitel seiner Stadtgeschichte: Im Folterturm sieht man Marterwerkzeuge, die bei den „Befragungen" während der berüchtigten Wemdinger Hexenprozesse zwischen 1609 und 1631 zum Einsatz kamen. Außerhalb

Seit 1837 zeigt die Figur der Patrona Bavariae am Marienbrunnen, dass die Stadt Wemding bayerisch – und darum streng katholisch – war.

Eine steinerne Inschriftentafel erinnert an den Aufenthalt der Mondastronauten Edgar Mitchell, Stuart Roosa und Alan Shepard im Rieskrater.

Eine Gedenktafel in Wemding erinnert an das Feldtraining der Mondastronauten im Ries

„Gasthaus zur Sonne" steht an einer barocken Giebelfassade (Marktplatz 9) mitten in Wemding. Zwei steinerne Gedenktafeln neben dem Eingang erinnern an prominente Gäste in Zeiten, als hier noch nicht eine Pizzeria bewirtete. Eine Tafel hält fest, dass Kaiser Karl VI. und sein Gefolge am 11. Oktober 1711 dort Gäste der Stadt waren. Eine zweite Tafel zeigt eine Mondlandefähre: Die Inschrift besagt, dass die Astronauten Edgar D. Mitchell, Stuart Roosa und Alan Shepard „im Aug. 1970 in diesem Hause" speisten. 1970 kamen US-Astronauten der bemannten Mondflüge von Apollo 14 und Apollo 17 – Edgar D. Mitchell, Eugene A. Cernan, Alan Shepard und Joe Engle – ins Ries, um dort ein geologisches Feldtraining zu absolvieren. Deutsche Geowissenschaftler machten sie mit den Gesteinen im Meteoritenkrater vertraut: Sie vermittelten den Astronauten so Know-how für die Entnahme von Gesteinsproben auf dem Mond. Die NASA bedankte sich später mit einer Dauerleihgabe für das Nördlinger Rieskratermuseum – einem 165 Gramm schweren Stein vom Mond.

Das ehemalige Fronhaus bei St. Emmeram beherbergt heute das Wemdinger Heimatmuseum.

der Altstadt – auf dem Galgenberg – sind drei 1957 aufgestellte Holzkreuze der „Hexenstube" eine Gedenkstätte für die dort verbrannten Opfer des Hexenwahns.

Im Wemdinger Folterturm können (nachgebaute) schauerliche Marterwerkzeuge im Rahmen von Führungen besichtigt werden.

Auf dem Galgenberg zeigen drei Holzkreuze an, wo „Hexen“ auf dem Scheiterhaufen endeten.

Die Wemdinger Hexenprozesse brachten 49 unschuldigen Menschen den Feuertod

In der Wemdinger Stadtmauer fällt der „Lange Turm“ durch seine fünfeckige Form auf: Kantig ragt er in den Wehrgraben hinein. Äußerlich verrät der Stadtmauerturm am Kapuzinergraben nichts von seiner Geschichte. Auf der Inschriftentafel vor seiner Tür (Sandbichelring/Ecke Huggasse) steht jedoch: „Folterturm. Zeit der Hexenprozesse von 1609 bis 1631“. Die nachgebauten Folterinstrumente einer Ausstellung im Turm lassen erahnen, welche Ängste und Schmerzen die Opfer des von beiden Konfessionen und auch von Luther befeuerten Hexenwahns erlitten. Ausgelöst durch die Hexenprozesse in Donauwörth wurden in Wemding 1609/10 neun Frauen und ein Mann als „Hexen“ hingerichtet. Die erste Welle der Hexenprozesse endete, als man den Richter wegen Unterschlagung und Unzucht verurteilte. Eine zweite Prozesswelle, ausgelöst durch einen Universitätsprofessor aus Ingolstadt, kostete von 1629 bis 1631 weitere 39 Wemdinger das Leben. Seit 1957 erinnert die „Hexenstube“ auf dem Galgenberg mit drei Holzkreuzen daran, dass auf diesem bewaldeten Hügel über Wemding Unschuldige als „Hexen“ verbrannt wurden.

Der fünfeckige Folterturm ist einer von drei Mauertürmen der in Teilen noch erhaltenen Wemdinger Stadtmauer.

Der Folterturm und die „Hexenstube" zählen zu jenen Aspekten, die man in Wemding nicht sofort wahrnimmt. Zu den weniger bekannten, weil versteckt liegenden Attraktionen zählt auch das ehemalige Spital mit der Spitalkirche Mariä Geburt: Das Ensemble in der Spitalgasse ist ein Zeugnis der Stiftung der Wemdinger Edelfrau Winpurc und ein Superlativ: Denn die Stiftung von 917 ist die älteste bestehende Stiftung Deutschlands. In der Kirche des Spitals hat man Wandfresken aus dem 15. Jahrhundert freigelegt. Am barocken Hochaltar steht die spätgotische Figur einer Madonna von 1460/70.

Zu den eher versteckten Sehenswürdigkeiten zählt auch ein Geotop im Wald hoch über Wemding. Am sogenannten Doosweiher (unweit der Wolferstädter Straße) informiert eine Beschilderung des Geoparks Ries zum dortigen aufgelassenen Suevitsteinbruch. Wer genauer hinschaut, sieht in der grauen Grundmasse des beim Riesimpakt entstandenen Gesteins hellere Einsprengsel sowie dunkle poröse Glaspartikel: Im zertrümmerten und zermahlenen Grundgestein der Breccie finden sich zu Impaktglas erstarrte Schmelzen und diverse Minerale.

Die früheste – bis heute existierende – deutsche Stiftung findet man in Wemding: Die Spitalkirche und Teile des alten Spitalgebäudes sind erhalten.

Wemdinger Superlativ – bis heute besteht hier die älteste Stiftung Deutschlands

Wemding birgt einen Superlativ – das historische Lexikon Bayerns hält fest: „Als älteste deutsche Stiftung gilt die Hospitalstiftung in Wemding […], die von der Edelfrau Winpurc im Jahr 917 errichtet wurde." Da sich Pfründner in das ursprünglich für Reisende und Arme gestiftete Hospital einkauften, vergrößerte sich das Stiftungsvermögen, heute unter anderem 250 Hektar Wald in Wemding und Wolferstadt. Hilfe für bedürftige Menschen ist bis heute der Stiftungszweck: Auf dem Areal an der Spitalgasse wird nunmehr das Kreisseniorenheim Wemding betrieben. An die mehr als tausendjährige Stiftungstradition erinnert die 1380 geweihte Spitalkirche Mariä Geburt. Im Chor der kleinen Kirche hat man spätgotische Wandfresken aus der Zeit um 1472 freigelegt. Den barocken Hochaltar von 1697 ziert eine Madonna von 1460/70, den linken Seitenaltar (um 1670) schmückt eine um 1520 geschnitzte Pietà. Von dem westlich an die Kirche angebauten ehemaligen Spitalbau sind Mauern aus dem 15. Jahrhundert erhalten. Ein Baudenkmal ist der 1709 errichtete frühere Spitalpfarrhof (Am Büchel 6).

Am Rand des Wemdinger Doosweihers liegt ein Geotop – ein aufgelassener Suevitsteinbruch.

Der Doosweiher ist elementarer Bestandteil eines weit und breit einzigartigen Technikdenkmals – einer Kette frühneuzeitlicher Anlagen zur Trink- und Brauchwasser-

Im Doosweiher stauten die Wemdinger seit dem frühen 16. Jahrhundert Wasser der Doosquelle auf. Um den Waldweiher führt ein Wanderweg.

Das Wasser der hoch über Wemding gelegenen Doosquelle wird im Doosweiher gespeichert und von dort im Dooskanal in Richtung Stadt geleitet.

Denkmäler der (Trink-)Wasserversorgung: Doosquelle, Doosweiher und Dooskanal

Nur ein paar Schritte westlich der Straße zwischen Wemding und der nördlich gelegenen Gemeinde Wolferstadt liegt (über einen Kiesweg mit der Beschilderung „Weiherweg" rasch zu erreichen) die Doosquelle. Bei dieser hoch über Wemding gelegenen Karstquelle mit einer Schüttung von rund 20 Litern pro Sekunde beginnt ein gut erhaltenes Denkmal städtischer Trink- und Brauchwasserversorgung der Frühen Neuzeit. Die im Wald gelegene Doosquelle wurde mit etwa anderthalb Meter hohen Kalksteinen gefasst, steinerne Stufen führen bis an das klare Wasser. Über den anschließenden Quellbach, den der Biber heute zum Feuchtbiotop aufgestaut hat, fließt das Wasser der Doosquelle zum Doosweiher. Für diesen Wasserspeicher wurde ein 49 Meter langer und fünf Meter breiter Staudamm aufgeschüttet. Von dort strömt das Wasser durch eine gemauerte Rinne in den bis 1537 gegrabenen Dooskanal in Richtung Mühlweiher, wo die letzte der zur Kanalreinigung angelegten Brunnenstuben erhalten ist. Der Dooskanal endet nach 1,3 Kilometern im Johannisweiher vor der Stadtmauer.

Am Wald über Wemding – nah an der Wolferstädter Straße – liegt die Doosquelle. Das Quellwasser wurde als Treibwasser für Mühlen sowie als Brauch- und Trinkwasser genutzt, und der nasse Stadtgraben schützte die Stadtmauer.

versorgung der Stadt. Dieser idyllische Waldweiher am Weiherweg wird von der nahen Doosquelle gespeist. Das beim Weiher durch einen Damm aufgestaute Nass lenkt der Dooskanal nach Wemding. Das Wasser fließt dort über den Johannisweiher und im nördlichen Stadtgraben über den nachfolgenden Doosbach westlich der Stadtmauern in das Wemdinger Ried.

Das Ried – ein Feuchtgebiet im Westen der Stadt – ist wegen seiner Niedermoor- und Streuwiesenflächen, Nass- und Mähwiesen sowie der breiten Schilfgürtel und etlicher Tümpel ein wichtiger Lebensraum für die bedrohte Fauna und Flora. Deshalb ist das Wemdinger Ried als FFH-Gebiet und EU-Vogelschutzgebiet ausgewiesen. Beschilderung informiert zur Bedeutung dieses wasserdurchtränkten Gebiets für den Artenschutz.

Das Wemdinger Ried erstreckt sich quasi zu Füßen der Wallfahrtskirche Maria Brünnlein – die ein weiterer Beleg dafür ist, wie sehr Wemding (das sich nicht nur

Das Wemdinger Ried ist ein Feuchtgebiet im Westen der Stadt. Im Hintergrund ist die Wallfahrtskirche Maria Brünnlein zu erkennen.

„Fuchsienstadt", sondern auch „Wallfahrtsstadt" nennt) vom Wasser geprägt wird. Denn Maria Brünnlein wurde über einer Quelle erbaut, und im Zentrum der barocken

Über einer Quelle außerhalb von Wemding entstand die Wallfahrtskirche Maria Brünnlein.

Eine Quelle speist den barocken Brunnenaltar in der Wallfahrtskirche Maria Brünnlein.

Wallfahrtsstätte steht ein Brunnenaltar. An seiner dem Hochaltar zugewandten (Rück-)Seite läuft das Quellwasser über eine muschelförmige goldene Schale in ein

Das Gnadenbild von Maria Brünnlein sieht man auch im Deckenfresko, wo es Personifikationen aller vier damals bekannten Erdteile verehren.

Marmorbecken. Auf der Vorderseite des Brunnenaltars rahmen zwei barocke Engel das im barocken Stil bekleidete Gnadenbild – eine Madonna mit dem Kind – in einem gläsernen Schrein. Diese geschnitzte Muttergottesfigur hatte 1684 ein Rompilger nach Wemding mitgebracht. Für das Gnadenbild hatte man 1692 eine Feldkapelle errichtet.

An ihrer Stelle wurde von 1748 bis 1752 im Stil des Rokokos die von Weitem sichtbare, im Inneren prachtvoll ausgestattete Kirche erbaut. Stuck und Fresken entstanden unter der Leitung des Malers und Stuckateurs Johann Baptist Zimmermann. Er war ein Vertreter der Wessobrunner Schule, bayerischer Hofstuckateur und arbeitete auch für den Fürstbischof von Würzburg. Das Fresko im Langhaus zeigt das Gnadenbild auf einer Brunnensäule: Aus einer Quelle darunter schöpfen die vier damals bekannten Erdteile Wasser. Ein Turbanträger steht für Asien, zwei Dunkelhäutige mit Pfeilköcher und mit Sonnenschirm verkörpern Afrika, zwei Indianer unter Palmen verraten das noch geringe Wissen über die Neue Welt. Im Vordergrund personifiziert die öster-

Das Gnadenbild von Maria Brünnlein brachte ein Rompilger 1684 nach Wemding. 1692 wurde dafür zunächst eine Wallfahrtskapelle errichtet.

reichische Kaiserin Maria Theresia (mit Krone und Kelch) den Kontinent Europa. Das Altarblatt am prunkvollen Hochaltar von 1761 zeigt das Motiv der Himmelfahrt Christi. Vier Seitenaltäre stellen Märtyrer und Heilige dar. Am Kanzelkorb der Kirche Maria Brünnlein, die mit mehr als hundert Engeln und Engelköpfen verziert ist, verkörpern Figuren die göttlichen Tugenden Glaube, Liebe und Hoffnung. Zahlreiche Votivtafeln zeugen von der Beliebtheit der Wallfahrtsstätte. 150 000 Wallfahrer und Besucher kommen jährlich nach Maria Brünnlein, dem Papst Johannes Paul II. wegen seiner Bedeutung 1998 den Titel einer Basilika minor verlieh. Dem Wasser der Gnadenquelle wird Heilkraft bei Augenleiden zugeschrieben. Am Brunnenaltar stehen Trinkbecher bereit. Das Quellwasser kann in dort ebenfalls bereitgestellte Flaschen eingefüllt und mitgenommen werden.

Maria Brünnlein ist nicht der letzte Ort, an dem man in Wemding auf Wasser stößt. Östlich der Stadt, unweit des Doosweihers, liegt der Waldsee. Dieser Naturbadesee ist ein Freibad mit Liegewiese und Seeterrasse, Spielmöglichkeiten und einer 70 Meter langen Wasserrutsche. Ruderboote können ausgeliehen werden. Direkt am See

Nordöstlich der Wemdinger Altstadt liegt der Waldsee, ein idyllisch gelegener Naturbadesee.

Im Kalksteinbruch Waldsee wurde früher Stein abgebaut, der in einem Wemdinger Kalkofen gebrannt wurde oder im Straßen- und Wegebau Verwendung fand.

liegt ein Campingplatz. Nur ein paar Schritte vom Eingang zum Freibad entfernt befindet sich der Kalksteinbruch Waldsee. In diesem Steinbruch wurde in einer durch den Riesimpakt versetzten Scholle aus Weißjurakalken jahrzehntelang Gestein abgebaut, das in einem Kalkofen am Wemdinger Kalvarienberg gebrannt wurde oder beim Straßen- und Wegebau zum Einsatz kam.

Nördlich und hoch über der Altstadt, nicht weit von Waldsee und Doosweiher entfernt, liegt ein 524 Meter hoher Aussichtspunkt – die Wemdinger Platte. Die Aussicht auf die Türme der Wallfahrtskirche Maria Brünnlein und große Teile des Rieses ist spektakulär. Spektakulär ist aber auch das dortige Prozesskunstprojekt der „Stiftung Wemdinger Zeitpyramide“. Auf einer Betonplatte wurde hier 1993 – anlässlich der 1200-Jahr-Feier der ersten Erwähnung Wemdings im Jahr 793 und nach einer Idee des Künstlers Manfred Laber – ein erster Betonquader der Wemdinger Zeitpyramide aufgestellt. Alle zehn Jahre soll auf der Platte ein weiterer Betonquader hinzukommen, sodass hier im Jahr 3193 – nach

Auf der 524 Meter hoch gelegenen Wemdinger Platte findet man die ersten Quader einer „Zeitpyramide" – und eine weite Aussicht über das Ries. Hinter dem Kirchturm von Maria Brünnlein erhebt sich der Wennenberg bei Alerheim.

1200 Jahren – 120 solcher Quader eine weithin sichtbare Pyramide auf dem östlichen Kraterrand bilden werden.

Der Blick von der Wemdinger Platte schweift nicht zuletzt weit über das östlich gelegene Wörnitztal. Kurz vor dem Fluss liegt das (auf der Straße rund zehn Kilometer entfernte) 200-Seelen-Dörfchen **Bühl im Ries**. Der Ort am kleinen Wörnitzzufluss Schwalb (nach dem im Mittelalter der Sualafeldgau benannt wurde) wurde 868 erstmals urkundlich genannt. Im Zentrum des Straßendorfes (ein Ortsteil des viereinhalb Kilometer entfernten **Alerheim**) steht leicht erhöht eine von schützenden Mauern umgebene Kirchenburg. Der schmucklose, von einem Satteldach bedeckte Turm der evangelischen Pfarrkirche St. Maria verrät nichts von einem hier kaum erwarteten Kunstschatz im Inneren – einem religiösen „Bilderbuch" aus Decken- und Wandmalereien, die im Lauf von vier Jahrhunderten entstanden. Der Chorraum sowie Teile der nördlichen Langhauswand sind Relikte einer 1293 errichteten Chorturmkirche: Im Kreuzgrat-

Im 15. Jahrhundert gemalte Chorturmfesken in der Kirche St. Maria in Bühl im Ries zeigen Evangelistensymbole und musizierende Engel.

gewölbe über dem Altarraum stellen gotische Fresken aus der Zeit um 1420 in bunten Farben das Lamm Gottes, Evangelistensymbole und musizierende Engel dar. Noch

Um 1300 hat man die Heiligen Christophorus und Petrus auf die Ostwand des Chors gemalt.

Zwei Fresken an der Nordwand der Bühler Kirche St. Maria bilden den Sündenfall im Paradies und daneben in neun Szenen die Passion Christi ab.

älter sind die um das Jahr 1300 entstandenen Fresken an der Ostwand des Chors, die den heiligen Petrus und den heiligen Christophorus abbilden. Weibliche Heilige

Den im Stil eines Cartoons gemalten Löwen zeigt das Langhausfresko zu Füßen von Adam und Eva.

Eine detailreiche Malerei an der Südwand von St. Maria zeigt die Bekehrung des Saulus zum Paulus. Inschriften belegen, dass diese Langhausfresken 1681 von Bühler Bauern gestiftet wurden.

(eine davon schwanger) wurden in der Zeit zwischen 1400 und 1500 auf die Südwand des Chors gemalt. Die Wand über dem Chorbogen und der modernen Kanzel wurde im ausgehenden 17. Jahrhundert von Wand zu Wand mit der Darstellung des Jüngsten Gerichts bemalt.

Künstlerisch wohl nicht bedeutend, dafür in ihrer naiven Bildersprache und in ihrem szenischen Reichtum äußerst originell sind die 1681 vermutlich von umherziehenden Malern geschaffenen Fresken an den beiden Langhauswänden der Bühler Kirche. Beinahe im Stil eines Comicstrips stellen diese Malereien an der Nordwand den Sündenfall – mit Adam und Eva im Paradies und etlichen Tieren zu ihren Füßen – neben neun Szenen der Passion Christi dar. Weitere Wandgemälde daneben zeigen die Berufung eines Propheten sowie einen zweiten Petrus. Zwei Fresken an der Südwand stellen die Bekehrung des vom Pferd stürzenden Saulus sowie die Anbetung der Hirten dar. Inschriften unter diesen Wandgemälden halten fest, dass diese originellen Kunstwerke 1681 von Bühler Bauern und deren Ehefrauen gestiftet wurden.

Gut vier Kilometer östlich von Bühl am Ries sowie sechs Kilometer südwestlich von Wemding liegt **Huisheim**. Die Ortsmitte dominiert der Kirchturm von St. Vitus: Sein spätgotischer Unterbau ist das Relikt einer vermutlich im 15. Jahrhundert erbauten Chorturmkirche. 1773 erhielt der Turm das barocke Oktogon. Im Inneren sieht man eine gotische Madonnenfigur von 1490. Die Kirche und der von einer Mauer umgebene Kirchhof stehen etwas erhöht über der Hauptstraße, wo zwei herrschaftliche Barockfassaden früherer Amtshäuser des Klosters Kaisheim (Pfarrhaus und Gasthof) nicht zu übersehen sind.

Nur etwa einen Kilometer vom Huisheimer Dorfzentrum entfernt und etwa vier Kilometer südlich von Wemding liegt der Huisheimer Ortsteil **Gosheim**. Eine schon 793 urkundlich erwähnte Siedlung hatte nach den erstmals im 12. Jahrhundert genannten Herren von Gosheim etliche weitere Ortsherren, ehe dieses Dorf 1806 bayerisch wurde. Die hervorgehobene Stellung von Gosheim im Mittelalter lässt sich am um 1250 errichteten Unterbau der Pfarrkirche Mariä Geburt erkennen: Das romanische Buckelmauerwerk ist ein Relikt des einstigen Bergfrieds

Die Kirche St. Vitus steht im Zentrum des Dorfes Huisheim. An einem Seitenaltar sieht man auch hier eine Figur des heiligen Ulrich.

Ein Lehrpfad am östlichen Kraterrand – der stillgelegte Kalksteinbruch über Gosheim gehört zu einem der sechs Erlebnis-Geotope im Geopark.

Erlebnis-Geotop im Geopark Ries

Das Geotop am Gosheimer Kalvarienberg zeigt die Wucht des Meteoriteneinschlags

Der einen Kilometer lange Lehrpfad im Geotop Kalvarienberg über Gosheim verläuft vom aufgelassenen Kalksteinbruch am Fuß des Hügels über einen Kreuzweg aus dem 19. Jahrhundert bis zur felsigen Kuppe. Dort erlaubt ein Aussichtspunkt einen weiten Blick über das Riesbecken. Das Geotop liegt am südöstlichen Rand des Rieskraters. Die Wucht des Impaktes verschob riesige ortsfremde Schollen kilometerweit nach Osten – in die Megablockzone. Aufschlüsse im Steinbruch zeigen die durch die Energie der Druckwelle des Riesereignisses im Gestein verursachten Stauchfalten, und ältere Schichten überlagern hier jüngeres Gestein. Sieben Informationstafeln des Lehrpfads im Geotop beschreiben die spezielle „Ries-Tektonik", „Ries-Belemniten" sowie die artenreiche Flora.

- Huisheim, Ortsteil Gosheim – der Lehrpfad beginnt am Fuß des Kalvarienberges, Parkmöglichkeit im Dorf (Grüner Weg)
- www.geopark-ries.de → Lehrpfad Kalvarienberg Gosheim
- www.geopark-ries.de → Geotop Kalvarienberg Gosheim

Auf dem Kalvarienberg in Gosheim ragen einige Felsköpfe aus der Trockenrasenfläche unter dem „Golgatha“ am Ende einer Kreuzweganlage.

der Burg Gosheim. Über Buckelmauerwerk wurde auch das Schloss, ein viergeschossiger Walmdachbau, westlich direkt an die Gosheimer Kirche angebaut. Das Schloss

Der Bergfried einer Burg in Gosheim wurde zum Unterbau des Turmes der Kirche Mariä Geburt.

Fünfstetten war einst eine bayerische Hofmark: Das dortige Schloss erhielt seine heutige Form unter einem Halbbruder des Königs von Bayern.

entstand im 16. Jahrhundert, im 17./18. Jahrhundert wurde es barockisiert. Auch die von Resten des Wassergrabens umgebene Friedhofsmauer, die 1695 erneuerte Mauer der Wehrkirche, wurde über Mauerwerk aus der Zeit um 1250 errichtet. Den Graben überspannt eine Steinbrücke, die seit 1773 die Figur des heiligen Johannes Nepomuk ziert. Im Friedhof steht ein zweigeschossiger Karner: Dieses Beinhaus wurde nach 1650 erbaut.

In Gosheim beginnt ein Lehrpfad im Geotop Kalvarienberg. Der Weg zum Kreuz sowie zur kleinen Herz-Jesu-Kapelle auf der felsigen Kuppe am Ende des Kreuzwegs und zu einem Aussichtspunkt auf dem Rand des Rieskraters führt an 14 neugotischen Kreuzwegstationen vorbei unter alten Bäumen nach oben. Ein Gosheimer Pfarrer stiftete diese Kreuzweganlage 1890 unter der Bedingung, dass die Felsgruppe unter dem Kreuz – heute Bestandteil des Lehrpfads – nicht zerstört werden dürfe.

Ein Schloss steht auch im knapp vier Kilometer östlich von Gosheim gelegenen **Fünfstetten**, wo 1233 ein Herr von Fünfstetten erwähnt wurde. Nach verschiedensten

Besitzern erwarb Carl Friedrich Stephan von Schönfeld 1810 die bayerische Hofmark Fünfstetten. 1817, in jenem Jahr, in dem von Schönfeld in den Grafenstand erhoben wurde, wurde auch der Hauptbau der dreigeschossigen Flügelanlage des Schlosses (das im Kern noch aus dem 16./17. Jahrhundert stammt) neu errichtet.

Das „Verdienst" dieses Grafen war es gewesen, als unehelicher Sohn des Wittelsbachers Friedrich Michael von Pfalz-Birkenfeld, Pfalzgraf und Herzog von Zweibrücken-Birkenfeld und Graf von Rappoltstein, geboren worden zu sein. Der Vater des Schlossherrn wurde zum Stammvater der bayerischen Könige. Maximilian I. Joseph – ab 1806 von Napoleons Gnaden der erste König Bayerns – war der Halbbruder des Schlossherrn von Fünfstetten. Während außereheliche Beziehungen des Hochadels in einen neuen Grafentitel münden konnten, ging es in den bayerischen Hofmarken bei bäuerlichen Untertanen erheblich sittenstrenger zu: Noch kurz vor 1800 wurden Frauen für „Leichtfertigkeit" öffentlich – etwa im Anschluss an einen Gottesdienst – mit einem Strohkranz an den Pranger gestellt. Mancherorts mussten sie in der

Der „Winnetou von Fünfstetten": Auf dem Schalldeckel der Kanzel in der Pfarrkirche St. Dionysius verkörpern Putten die damals bekannten Erdteile.

Am Ortsrand von Otting liegt das ab dem frühen 17. Jahrhundert erbaute Schloss am Burgweiher.

Halsgeige die Gasssen kehren, sie wurden zu Haft, Geldstrafen und sogar Wallfahrten verurteilt. Zu kaum einer Zeit waren die Verhältnisse zwischen Adel, Geistlichkeit und „gemeinem Volk" weniger gerecht als in den Jahrzehnten vor der Französischen Revolution (1789).

Die Kunst dieser Epoche prägt die katholische Pfarrkirche St. Dionysius. Die 1626 neu erbaute Kirche wurde 1760 mit Stuckaturen und Fresken im Stil des Rokokos umgestaltet. Die Fresken und Altargemälde schuf auch hier der Donauwörther Johann Baptist Enderle. Auf dem Schalldeckel über dem Kanzelkorb von 1766 tummeln sich Putten als Personifikationen der vier – seinerzeit – bekannten Kontinente. (Die Ostküste Australiens fand der britische Seefahrer James Cook erst im Jahr 1770.) Die Untergeschosse dieses Turmes stammen von einer Chorturmkirche des 14. Jahrhunderts. Über St. Dionysius urteilt ein Denkmalführer: „Eine der am besten erhaltenen Landkirchen des Rokoko in Bayerisch-Schwaben."

Mit Fünfstetten hatte Carl Friedrich Stephan von Schönfeld auch die nahe Hofmark und das Schloss im knapp sechs Kilometer entfernten **Otting** erworben. Das ab

Direkt neben dem Park von Schloss Otting steht die barocke Schlosskapelle Mater Dolorosa.

dem frühen 17. Jahrhundert entstandene und bis in das 20. Jahrhundert mehrfach umgebaute Landschlösschen mit dem markanten, mit einer Zwiebelhaube bedeckten Eckturm und dem angrenzenden Torbau spiegelt sich im Burgweiher. Diesen aufgestauten Weiher speist die nahe Quelle des Möhrenbaches. An das Schloss (in dem ein Hotel betrieben wird) grenzt östlich der Schlosspark an. Die von einer Gartenmauer aus dem 17./18. Jahrhundert umgebene Anlage wurde im 19. Jahrhundert im Stil eines Landschaftsgartens neu gestaltet. Nur durch eine Straße vom Schlosspark getrennt steht – östlich dieser Gartenmauer – die bis 1705 errichtete Schlosskapelle Mater Dolorosa. Die kleine barocke Kirche war noch im 19. Jahrhundert ein viel besuchter Wallfahrtsort.

Im Wald zwischen Otting und dem Monheimer Stadtteil **Weilheim**, ziemlich exakt in der Mitte zwischen beiden Dörfern, östlich der Ortsverbindungsstraße und westlich der Bundesstraße B 2, findet man geheimnisumwitterte Orte. Der „Opferstein" ist eine Felskuppe aus Kalkstein: Der Grund für ihren Namen liegt im Dunkel. Unweit davon liegt das Pumperloch (auch: Pumperhöhle). Der letzte Hohlraum im 250 Meter langen Höhlensystem mit

Monheim, wie ein Idyll des Malers Carl Spitzweg: das Donauwörther Tor mit dem fialenbesetzten Giebel und altfränkisch wirkende Fachwerkhäuser.

vier Kavernen wäre nur noch auf dem Bauch kriechend zu erreichen. Der rutschige Eingang dieser Ponorhöhle (eine Schluckhöhle, in die bei starkem Regen Wasser abfließt) fällt zwei Meter tief senkrecht ab: Wegen der damit verbundenen Gefahren, zum Schutz des Naturdenkmals und aus Rücksicht auf ein Fledermausvorkommen wird dringend gebeten, diese Höhle nicht zu begehen.

Das nahe Monheim ist eine Kleinstadt wie aus einem Bilderbuch. Zwischen dem Ensemble um das im 15. Jahrhundert erbaute Wahrzeichen der Stadt – dem Oberen Tor (auch: Donauwörther Tor), das im 16. Jahrhundert seinen so markanten hohen Giebel erhielt – und dem vergleichsweise unscheinbaren, weil an das Stadtschloss angebauten Unteren Tor (auch: Weißenburger Tor) erstreckt sich der fast 250 Meter lange Marktplatz. Durch beide Tore und über diesen Platz verlief seit dem Mittelalter die Handelsstraße zwischen Augsburg und Nürnberg. Sie ist der Grund dafür, warum an der Fassade des Hauses Treuchtlinger Straße 21 – wenige Schritte außerhalb des Mauerringes – eine Gedenktafel mit Inschrift und Lutherrose daran erinnert, dass der Reformator,

Eine Gedenktafel erinnert daran, dass Martin Luther 1518 – nach seiner Flucht aus Augsburg – im für ihn sicheren Monheim nächtigte.

der in der Nacht vom 20. auf den 21. Oktober 1518 voll Furcht vor dem Feuertod auf dem Scheiterhaufen aus Augsburg geflohen war, nach scharfem Ritt über rund 60 Kilometer in Monheim – im Gasthof „Zum goldenen Lamm" – erstmals haltmachte.

Um den weiten Marktplatz gruppiert sich – zumeist mit einem Satteldach gedeckt und mit dem Giebel zur Straße hin – der weitaus größte Teil der Häuser innerhalb des ehemaligen Mauerringes. Naturgemäß fällt hier das dreigeschossige Monheimer Rathaus allein schon durch seine Fassadenbreite und ein Walmdach aus dem Rahmen. Dieses Bauwerk hatte der jüdische Hoffaktor Abraham Elias Model von 1714 bis 1720 anstelle eines von ihm 1712 erworbenen Brau- und Gasthauses direkt neben der benachbarten Monheimer Synagoge als sein „sehr kostbares Haus" errichten lassen. Daran erinnern die alttestamentlichen Flachreliefs im Deckenstuck, die Abraham, Isaak und Jakob darstellen. Die Stuckdecke im früheren Festsaal – im heutigen Sitzungssaal des Stadtrats – zieren zudem Ornamente und Schriftzüge, die bei Restaurierungsarbeiten im Jahr 1978 ebenfalls freigelegt wurden. 1994 hat man in zwei Nebenräumen weitere Stuckreliefs entdeckt: Sie stellen Moses mit den Gesetzestafeln und König David mit der Harfe dar.

Die Geschichte des Rathauses spiegelt die Geschichte der Juden in Monheim beziehungsweise in der wittelsbachischen Pfalz-Neuburg wider, zu der die Stadt von 1505 bis 1808 gehörte. Eine jüdische Gemeinde hatte in Monheim von 1697 bis 1741 bestanden. Diese Gemeinde wuchs rasch: 1737 wurden 19 Familien mit mehr als 150 Personen gezählt. Weil sich die christliche Einwohnerschaft bei Karl III. Philipp von der Pfalz über die Juden beklagt hatte, wurde die Zahl jüdischer Familien nach 1730 begrenzt. Repressive Maßnahmen kamen hinzu: Der Kauf von Häusern und Gütern musste genehmigt werden. Ab 1736 wurde nur noch erstgeborenen Söhnen und Töchtern die Heiratserlaubnis erteilt, für die zudem eine horrende Gebühr an die Hofkanzlei abgeführt werden musste, die nur äußerst wohlhabende Familien bezahlen konnten. 1741 bestimmte Herzog Karl Philipp schließlich per Dekret, dass alle im Herzogtum Pfalz-Neuburg ansässigen Juden ihren Haus- und Grundbesitz

Der Deckenstuck im Monheimer Rathaus lässt erkennen, dass dieser Bau bis 1720 als Wohnhaus eines jüdischen Hoffaktors errichtet wurde.

Das heutige Rathaus war das prachtvolle Wohnhaus des jüdischen Hoffaktors Abraham Elias Model. Im Hintergrund sieht man das Untere Tor.

an amtliche Vertreter ihrer Wohnsitze übertragen und das Herzogtum verlassen mussten. Der reiche Kaufmann Abraham Elias Model, der 1739 zum „Cabinets und Cammer Factor" des Fürsten von Oettingen-Wallerstein ernannt worden war, übersiedelte deshalb 1741 nach Harburg. Dort verstarb der Hoffaktor 1760 verarmt.

An das 1505 neu entstandene Herzogtum Pfalz-Neuburg war Monheim erst nach dem Landshuter Erbfolgekrieg gekommen. Das im 7. oder 8. Jahrhundert aus einer bayerischen Ansiedlung entstandene Monheim, das sein Stadtrecht um 1340 unter den Grafen von Oettingen erhalten hatte, war 1397 an das Herzogtum Baiern gefallen. Im Jahr 1523 wurde der Sitz des Landgerichts von Graisbach nach Monheim verlegt. Für das pfalzneuburgische Pflegamt Graisbach-Monheim wurde Mitte des 17. Jahrhunderts das Monheimer Stadtschloss, eine dreigeschossige Zweiflügelanlage neben dem Unteren Tor am nordöstlichen Ende des Marktplatzes, errichtet.

Vom Schloss aus sind es nur ein paar Schritte durch die Kirchstraße bis zur Stadtpfarrkirche St. Walburga. Die ehemalige Klosterkirche erinnert an das im Jahr 870 gegründete Benediktinerinnenkloster St. Walburga. An diesem zweiten Straßenzug im Mauerring wuchs ein eigenständiger, für die Entwicklung der Ackerbürgerstadt maßgeblicher Bereich: Als das Kloster 893 die Reliquien der heiligen Walburga erhielt, wurde Monheim einer der wichtigsten Wallfahrtsorte Europas. Doch 1533 löste sich das Kloster auf, Pfalzgraf Ottheinrich trat 1542 zum evangelischen Glauben über und führte in Pfalz-Neuburg die Reformation ein, obwohl er in den Jahren davor Mandate gegen den neuen Glauben erlassen und Protestanten der geistlichen Gerichtsbarkeit übergeben hatte, die deshalb auf dem Scheiterhaufen oder durch das Richtschwert starben. 1574 wurde das Monheimer Kloster abgebrochen. An dieses Bauwerk erinnert noch der Westflügel des romanischen Kreuzganges beim „Haus St. Walburg" (Am Klosterhof 3). Dieser Kreuzgang war wohl schon vor dem Jahr 1200 entstanden.

Die benachbarte Pfarrkirche St. Walburga wurde um 1510 über einer Klosterkirche aus dem 11. Jahrhundert neu erbaut. 1575 erhöhte man den Turm, 1595/97 wurde die Kirche neu eingewölbt. Ab der Zeit um 1700 und bis

Vom romanischen Kreuzgang des ehemaligen Klosters St. Walburga ist noch ein Flügel erhalten.

etwa 1800 wurde die Kirche St. Walburga barockisiert. Dass der Bau zu Beginn des 20. Jahrhunderts renoviert und umgestaltet wurde, zeigen Jugendstilelemente der Stuckdekoration im Langhaus. Damals entstanden auch das Chorfresko und die Malerei an der Stuckuhr. An der Tür der Kanzeltreppe erinnert ein rätselhaftes Schnitzrelief, eine provinzielle Arbeit aus der Zeit um 1500 bis 1530, an die Monheimer Benediktinerinnen. Es zeigt drei Nonnen: Die mittlere trägt einen Hahn, die linke eine lebende und die rechte eine offenbar tote Henne.

Östlich von Monheim ist die Monheimer Alb eine stille, vergleichsweise dünn besiedelte Gegend mit kleinen Ortschaften abseits der großen Verkehrsadern. In dieser Landschaft der Südlichen Frankenalb (größtenteils innerhalb des Naturparks Altmühltal) stößt man auf etliche geologische Besonderheiten, etwa die Dolinenfelder bei **Warching** oder den Dolinenlehrpfad des Geoparks Ries zwischen **Rögling** und **Tagmersheim**. Während die Dorfkirchen dieser Gegend zumeist über den Mauern mittelalterlicher Chorturmkirchen entstanden, wurde die neuromanische Basilika in Tagmersheim bis 1895 völlig neu

Die frühere Benediktinerinnenklosterkirche und heutige Stadtpfarrkirche St. Walburga wurde um 1510 im Stil der Gotik neu errichtet.

Eine tiefe trichterförmige Geländemulde am Dolinenlehrpfad nah beim Sportplatz in Rögling.

Zu „Löchern" im Gelände – Dolinen und ein Trockental im Karst der Monheimer Alb

Dolinen sind trichterförmige, teils steil abfallende Geländemulden. Auf der Karstfläche der Monheimer Alb zwischen Rögling und Tagmersheim leitet ein Dolinenlehrpfad des Geoparks Ries auf neun Kilometern Länge (Gehzeit circa drei Stunden) zu solchen ein bis zehn Meter tiefen „Löchern" im Gelände, die zwei bis 20 Meter Durchmesser aufweisen. Und ein Karstlehrpfad des Geoparks Ries führt 15 Kilometer weit von Monheim über Rögling in das Trockental der Gailach, die im Monheimer Ortsteil Kreut entspringt. Dieses Flüsschen versickert in Dolinen bei Warching und tritt erst in Mühlheim im Landkreis Eichstätt als Quellschüttung (Gailachquelle) zutage.

- Rögling/Tagmersheim – Ausgangspunkt für den Dolinenlehrpfad: Rögling, Parkplatz am Sportheim (Römerstraße 21) oder Tagmersheim, Parkplatz am Freibad (Jakobusweg 2)
- www.geopark-ries.de → Dolinenlehrpfad
- Ausgangspunkt für den Karstlehrpfad ist in Monheim die Schulstraße. Dort liegt eine Infostelle des Geoparks Ries.
- www.geopark-ries.de → Karstlehrpfad

errichtet. Von der hervorgehobenen Bedeutung dieses Ortes kündet schon äußerlich die Größe der dreischiffigen katholischen Pfarrkirche St. Jakobus. Im Inneren findet man in beiden Seitenschiffen Epitaphe der Ortsherren der bayerischen Hofmark Tagmersheim – die der Herren von Otting zu Tagmersheim aus dem 16. Jahrhundert sowie das Grabdenkmal des 1615 verstorbenen Wolfgang Lorenz Wallrab von Hautzen. Dieser Herr der Hofmark hatte um 1600 das benachbarte Schloss erbaut. Das dritte bemerkenswerte Gebäude im Ortskern von Tagmersheim ist das Pfarrhaus von 1725. Beim Wandern auf dem Wallfahrerweg bei Tagmersheim kommt man zur Galgenkapelle: Östlich des Dorfes (der Weg dorthin führt über die Bauerngasse) liegen die 1641 gemauerten Fundamente einer Richtstätte, bei der man während des Dreißigjährigen Kriegs Marodeure aufknüpfte.

Im Nachbarort Rögling erinnert der Nadlerbrunnen an die Bedeutung des Nadlerhandwerkes für das Nadlerdorf, dessen Produkte im 17. und 18. Jahrhundert weltweit verkauft wurden. Es war ein Gewerbe, das auch in der nahen Stadt Monheim ausgeübt wurde – und das nicht unwesentlich zu deren Reichtum beitrug.

Die neoromanische Basilika St. Jakobus in Tagmersheim wurde im Jahr 1895 errichtet.

Auf den warmen Trockenrasen im Ries blüht die andernorts selten gewordene Kartäusernelke.

Kartäusernelke, Natternkopf und Silberdistel: im Ries blühen die Trockenrasen bunt

Wegen der fruchtbaren Böden gilt das Riesbecken als Kornkammer. Doch trotz intensiver landwirtschaftlicher Nutzung haben sich aufgrund der sehr speziellen Topografie im Ries – teils kleinräumig – besonders artenreiche Flächen erhalten. Vor allem auf den südlichen Riesrandhöhen (etwa auf dem Rollenberg bei Hoppingen), auf den Hängen der Zeugenberge am westlichen Riesrand (Ipf und Blasienberg) sowie am Goldberg und nicht zuletzt auf der Monheimer Alb fallen ausgedehnte, durch Schafbeweidung entstandene und bis heute gepflegte Wacholderheiden auf. Auf trockenen Magerrasen und Kalk-Pionierfluren blüht es bunt: Neben dem Violett der Kartäusernelke fallen dort zum Beispiel das Blau der Glockenblume und des Natternkopfes, das Gelb der Wetterkerze und das Weiß der Siberdistel auf. Am westlichen Riesrand blüht der Diptam. Extensive Bewirtschaftung lässt dort sogar solche Raritäten wie das Braune Mönchskraut, den Kleinen Frauenspiegel oder das Sommer-Adonisröschen gedeihen.

· www.geopark-ries.de → Natur Landschaft

Weitere Geotope im Geopark Ries

- **Wemding** Nördlich der Stadt ist eine ortsfremde und teils breccierte Malmkalkscholle aufgeschlossen. (www.geopark-ries.de→Aufschluss Wemding). Östlich von Wemding findet man im Wald verfallene Braunkohleschächte mit Pingen – sie sind Relikte des dortigen Braunkohletagebaus in den 1920er Jahren (www.geopark-ries.de→Pingen Wemding).
- **Gosheim** Nördlich von Gosheim und südlich von Wemding entspringt die Schwalb einer Karstquelle (www.geopark-ries.de→Schwalbquelle Wemding).
- **Monheim** Ein Aufschluss zwischen dem Dorf Natterholz und Monheim zeigt eine Steilstufe aus Weißem Jura innerhalb der Bunten Breccie – eine ortsfremde Scholle von Malmkalk innerhalb der Trümmermassen (www.geopark-ries.de→Aufschluss Natterholz).
- **Warching** In diesem Monheimer Ortsteil findet man mehrere geologische Besonderheiten – darunter ein großes und kleines Dolinenfeld mit auffälligen, tief eingebrochenen Dolinen (www.geopark-ries.de→Dolinenfeld Warching).
- **Rehau** Eine Sandgrube erschließt einen halben Kilometer nördlich von Monheim nach dem Impakt abgelagerte Geröllsande, die Monheimer Höhensande (www.geopark-ries.de→Sandgrube Rehau). Südlich dieses Monheimer Ortsteils stößt man auf den sogenannten Griesfelsen, einen circa hundert Meter langen Hanganschnitt mit ortsfremden Malmkalken in den Ablagerungen eines Schwamm-Algen-Riffes (www.geopark-ries.de→Griesfelsen Rehau).
- **Rögling** In einem früheren Steinbruch westlich des Dorfes sind Röglinger Bankkalke aufgeschlossen (www.geopark-ries.de→Bankkalke Steinbruch Rögling).
- **Daiting** Eine (für Laien kaum noch zu erkennende, weil verwachsene) Erzgrube ist ein Relikt des Tagebaus bohnerzhaltiger Lehme aus einer Karsthohlform (www.geopark-ries.de→Erzgrube Daiting).

Um Monheim gibt es weitere Geotope, die touristisch nicht relevant sind und hier nicht aufgeführt werden.

Gut zu wissen – Tourismustipps zum Geopark Ries

- **Tourist-Information Wemding** Auskunft und Prospekte gibt es im „Haus des Gastes", Mangoldstraße 5, 86650 Wemding, Telefon 0 90 92/96 90 35 und touristinfo@wemding.de. Mehr zu Wemding unter www.wemding.de→Tourismus.
- **Tourismus in und um Monheim** Die „Tourist-Information Stadt Monheim – Monheimer Alb" findet man direkt neben dem Rathaus (Marktplatz 27, 86653 Monheim). Auskünfte erhält man per Telefon 0 90 91/90 91-51 sowie per E-Mail sam@monheim-bayern.de (www.monheim-bayern.de→Tourist-info).
- **Naturpark Altmühltal** Die Monheimer Alb ist eine Landschaft im Naturpark Altmühltal. Zu diesem Naturpark geben auch die Tourist-Informationen in Wemding und Monheim Auskunft. Mehr unter www.naturpark-altmuehltal.de.
- **Geopark-Infostellen in Wemding und Monheim** In beiden Städten gibt es jeweils eine Infostelle des Geoparks Ries. In Wemding findet man dieses Angebot in der Mangoldstraße 2 (www.geopark-ries.de→Geopark Infostelle Wemding). Die Infostelle in Monheim befindet sich direkt neben dem Wohnmobilstellplatz sowie der Stadt- und Mehrzweckhalle (www.geopark-ries.de→Geopark Infostelle Monheim).
- **Zwei Rolli-Wanderungen auf der Monheimer Alb** Von der barrierefreien Waldschenke Mathesmühle an der Schwalb zwischen Wemding und Gosheim führen zwei Wanderwege für Rollstuhlfahrer durch das mühlenreiche Tal des Flüsschens beziehungsweise (nur für Rolli-Fahrer mit viel Kondition) ein fast 16 Kilometer langer Rundweg zwischen dieser Mühle und dem Dorf Rudelstetten. Mehr Infos beim Herausgeber: Erholungsgebiet Monheimer Alb, Telefon 0 90 91/90 91-25 oder per E-Mail (monheimer-alb@vg-monheim.de).
- **Sagenhafter Weg** Ein Sagenweg des Geoparks Ries führt in Wemding zu Geotopen, zum Wasser und zum „Huaterle" (www.geopark-ries.de→Sagenweg).
- **Weg aus Buchstaben** In Monheim führt ein Weg zu rund 80 Zentimeter hohen Buchstaben aus Jurastein in der Reihenfolge M-O-N-H-E-I-M. Infotafeln beschreiben die Geschichte und Sehenswertes (www.monheim.de→Buchstabenweg).
- **Badespaß** In Wemding lockt das Freibad am Waldsee, in Monheim das Jurabad. Ebenfalls sehr beliebt ist das Freibad in Tagmersheim (www.ferienland-donau-ries.de→Baden).

Am nördlichen Rand des Geoparks Ries

Von der Altmühl zum Hahnenkamm

Auernheim
Eichhof
Gnotzheim
Graben
Gundelsheim
Hainsfarth
Hechlingen am See
Heidenheim
Hohentrüdingen
Hüssingen
Möhren
Schambach
Siebeneichhöfe
Spielberg
Steinhart
Treuchtlingen
Wolferstadt
Zwerchstraß

Der bekannteste Treuchtlinger ist ein Pappenheimer: In der Niederen Veste wurde Gottfried Heinrich zu Pappenheim geboren. Eine Statue vor dem Stadtschloss stellt den Grafen dar.

Die Altmühl, der Karlsgraben, steinerne Rinnen: Wege zu Kalk und Wasser

Auch eine Entdeckertour zwischen dem Altmühltal in und bei Treuchtlingen sowie in jenem Teil vom Hahnenkamm, der zum Geopark Ries gehört, ist gleichsam eine Tour d'Horizon zu vielen kulturellen Themen der Region. Denn hier finden sich römische Mauern und romanische Sakralkunst, mittelalterliche Ruinen und Schlösser sowie Denkmäler jüdischer Gemeinden. Das „Erlebnis Natur" verbindet sich mit der legendenumrankten Klosterruine auf dem Uhlberg, mit dem Wasserbauprojekt Kaiser Karls „des Großen" oder mit dem Phänomen der Kalkrinnen.

Treuchtlingen, seine Stadtteile und seine Umgebung sind das Fränkische am Geopark Ries. Die mittelfränkische Kleinstadt kennt man nicht zuletzt wegen des Treuchtlinger Marmors, wegen der Altmühltherme (die Stadt ist übrigens ein staatlich anerkannter Erholungsort mit

Die Obere Veste stand hoch über Treuchtlingen: Mauerreste der Höhenburg blieben erhalten. Der Aufbau auf dem Bergfried wurde mit einem Tourismus-Architektur-Preis ausgezeichnet. Rechts: Das 1926 errichtete Kriegsgefallenendenkmal.

Heilquellen-Kurbetrieb) und als Fahrgast der Deutschen Bahn auf der Strecke zwischen Augsburg und Nürnberg.

Überdies kennt beinahe jeder den (leicht veränderten) Ausspruch, den Schiller im Drama „Wallensteins Tod" dem Generalissimus in den Mund legt: „Daran erkenn' ich meine Pappenheimer". Daraus ist mittlerweile allerdings die weniger anerkennend gemeinte Redewendung „Ich kenne meine Pappenheimer" geworden. Der bekannteste (und doch weitgehend unbekannte) Treuchtlinger ist einer dieser Pappenheimer. Gottfried Heinrich zu Pappenheim kämpfte im Dreißigjährigen Krieg unter Wallensteins Oberbefehl. Geboren wurde der Graf 1594 im Treuchtlinger Stadtschloss. Dieses Renaissanceschloss war 1575 errichtet worden. Heute im Stadtzentrum gelegen, hatte es seinerzeit den Mauerring des Marktortes (zur Stadt wurde Treuchtlingen erst im Jahr 1898) verstärkt. Die heute verbaute, ursprünglich zweiflügelige Anlage wird von einem Graben umgeben. In diesem Graben steht ein Denkmal, eine lebensgroße Statue des auf sein Schwert gestützten Pappenheimers. Als 1647 die Treuchtlinger Linie der Pappenheimer erlosch, kam das Schloss an weitere prominente Besitzer: zunächst – bis 1719 – an die Markgrafen von Brandenburg und – ab 1791, wenn auch nur für wenige Jahre – an den Ende 1797 verstorbenen Preußenkönig Friedrich Wilhelm II., den seine Untertanen den „dicken Lüderjahn" nannten.

An der Stelle dieses Schlosses stand schon – spätestens 1346 – eine Burg im Ort, die sogenannte Niedere Veste. Es wird angenommen, dass diese Burg im Tal der Altmühl sehr viel älter war und auf einen Herrenhof aus der Karolingerzeit zurückging. Ihren Namen erhielt sie in Unterscheidung zur Oberen Veste, die auf dem Schlossberg hoch über Treuchtlingen stand. Die Höhenburg war Mitte des 15. Jahrhunderts an die Treuchtlinger Linie der Pappenheimer gekommen. Da die Burgherren diese Festung jedoch seit dem Ende des 15. Jahrhunderts verfallen ließen, sind heute nur noch wenige Mauerreste, vor allem der Stumpf des Bergfrieds, erhalten. Der Weg auf den Schlossberg lohnt sich aber allein schon wegen

Die sogenannte Niedere Veste – ursprünglich ein Wasserschloss – steht mitten in Treuchtlingen. Im Kern stammt der später mehrfach umgestaltete Renaissancebau aus der Zeit um 1575.

der Sicht über die Stadt und das Altmühltal. Das Innere des Bergfrieds beherbergt eine Ausstellung.

Die – gemessen an der Zahl von 400 000 Besuchern pro Jahr – größte Attraktion der Stadt, die Altmühltherme, liegt zentrumsnah direkt über dem Ostufer der Altmühl. Mit ihren 3200 Quadratmetern Wasserfläche zählt die dortige Bäderlandschaft zu den größten Thermalbädern Deutschlands. Nördlich der Altmühltherme schließt sich der Kurpark an. Verschlungene Wege führen dort um Wasserflächen, zu einer Kneipp-Anlage, zum Barfußpfad, zu einer Kletterpyramide und zu modernen Skulpturen.

Treuchtlingen ist voller Baudenkmäler: Dazu zählen nicht zuletzt einige Jurahäuser – Satteldachbauten in Jurabauweise und mit Legschieferdach – und etliche Mühlen. Die ab dem 13. Jahrhundert entstandene katholische Pfarrkirche St. Lambertus wurde 1733/34 teilweise erneuert, die evangelische Markgrafenkirche an der Stelle einer Marienkapelle 1757 errichtet und 1893 erweitert. Weit mehr als diese barocken Kirchen fällt die 1934 in Bruchstein erbaute, massige katholische Stadtpfarrkirche

Der Name der Altmühltherme ist mehr als nur „Marketing-Sprech". Die Therme liegt tatsächlich direkt neben dem östlichen Ufer des Flusses.

An der Treuchtlinger Altmühlstraße – unweit der Altmühltherme – steht das technische Denkmal einer Dampflokomotive von 1937.

Mariä Himmelfahrt (mit angebautem Pfarrhaus und mit Nebengebäuden, an der Bahnhofstraße) ins Auge. Ähnlich mittelalterlich – was das Baumaterial betrifft – und

Am Südhang des Nagelberges über Treuchtlingen liegen die Fundamente eines römischen Gutshofs.

Der jüdische Friedhof von Treuchtlingen wurde 1773 angelegt. Auf dem 1938 geschändeten Friedhof stehen noch mehr als 300 Grabsteine.

zugleich futuristisch in Bezug auf die Architektur mutet das 1926 aus Natursteinquadern errichtete Kriegsgefallenendenkmal auf dem Treuchtlinger Burgberg an – ein runder Zentralbau, der fast wie ein Tempelchen wirkt. Zu den eher ungewöhnlichen Sehenswürdigkeiten in der Stadt gehört aber auch ein stählernes Ungetüm – eine Denkmallok. Diese 1937 gebaute Dampfschnellzuglokomotive wurde 1969 – aus Anlass von 100 Jahren Eisenbahn in Treuchtlingen – in der Promenade an der Altmühlstraße, nah am westlichen Ufer der Altmühl und nah der Altmühltherme, als Technikdenkmal aufgestellt.

Mehrere Treuchtlinger Sehenswürdigkeiten findet man weit außerhalb des Stadtkernes. An der Uhlbergstraße liegt beispielsweise der 1773 angelegte jüdische Friedhof. Grabsteine aus der Zeit vom 18. bis zum 20. Jahrhundert erinnern daran, dass in Treuchtlingen zur Zeit der Entstehung dieses Friedhofs eine der bedeutendsten jüdischen Gemeinden in Franken exisitierte. Ein Modell der (nicht erhaltenen) Synagoge ist im Treuchtlinger Volkskundemuseum zu sehen. An die Bewohner des antiken „Treuchtlingen" erinnern die Mauerreste des

Östlich des Ortes Möhren schlängelt sich der Möhrenbach, ein Zufluss der nahen Altmühl, in eng gewundenen Schleifen durch die Talaue.

Haupthauses eines römischen Gutshofs an der Südseite des Nagelberges. Die dortige Villa rustica wurde wohl während eines Alamanneneinfalles in der Zeit um das Jahr 233 nach Christus zerstört. Archäologische Funde von Grabungen am Nagelberg sind gleichfalls im Treuchtlinger Volkskundemuseum zu sehen.

Am östlichen Fuß des Nagelberges liegt das Schambachried, das seinen Namen (wie der Treuchtlinger Stadtteil **Schambach**, der nordöstlichste Ort im Geopark Ries) vom kleinen Schambach erhielt. Das Feuchtgebiet im Bachtal nordöstlich von Treuchtlingen ist das älteste Naturschutzgebiet Mittelfrankens. Das sieben Hektar große Schambachried ist ein Kalkmoor, dessen Flächen noch bis kurz vor 1960 als Streuwiesen dienten. 1973 wurde dieses artenreiche Feuchtgebiet unter Schutz gestellt. In Schambach steht die Willibaldskirche: Ihr gedrungen wirkender Turm entstand noch vor dem Jahr 1400.

Wasser spielt auch im Stadtgebiet von Treuchtlingen – nicht nur wegen der Altmühl und der dortigen Mühlenlandschaft – seit jeher eine große Rolle. Nördlich von

Nah beim Treuchtlinger Stadtteil Graben liegt die „Fossa Carolina": Der sogenannte Karlsgraben wurde ab 793 als Schifffahrtskanal angelegt.

Eines der schönsten Geotope in Bayern

Eines der 100 schönsten Geotope Bayerns: die „Fossa Carolina" – der Karlsgraben

Die „Fossa Carolina" im Treuchtlinger Stadtteil Graben ist das bedeutendste fränkische Bodendenkmal der Karolingerzeit. 793 begann dieser Kanalbau, mit dem Kaiser Karl „der Große" eine schiffbare Verbindung zwischen Nordsee und Schwarzem Meer schaffen wollte. Bei Graben nähern sich die Flusssysteme von Donau und Main – die Flüsse Altmühl und Rezat – an der Europäischen Wasserscheide bei zehn Metern Höhendifferenz bis auf rund zwei Kilometer an. Also grub man hier die „Fossa Carolina" – und scheiterte am Ende am instabilen Untergrund. Auswurfmassen des Riesereignisses hatten dort einen Flusslauf aufgestaut: In der Folge entstand der Rezat-Altmühl-See, der hier in Jahrmillionen 30 Meter tief schluffig-toniges Lockermaterial ablagerte. Deshalb missglückte der Kanalbau, an den ein paar hundert Meter Wasserfläche und Dämme erinnern.

· Treuchtlingen, Stadtteil Graben, Karlsgrabenstraße
· www.geopark-ries.de → Karlsgraben
· www.lfu.bayern.de → Karlsgraben

Treuchtlingen trennt die Europäische Hauptwasserscheide die Einzugsgebiete der Donau und des Rheins. Im dörflichen Stadtteil **Graben** stößt man deshalb auf die Reste jenes Karlsgrabens, mit dem in der Zeit Karls „des Großen" ein schiffbarer Kanal hätte entstehen sollen: Es war eine der größten Ingenieursleistungen des frühen Mittelalters und ist das wohl bedeutendste Bodendenkmal aus der Zeit der Karolinger in Franken.

Von Graben aus führt eine Straße an der sogenannten „Fossa Carolina" entlang nach Norden: Nach ungefähr einem halben Kilometer zweigt eine Straße nach rechts ab: Von dort an ist der Weg zur nahen Europäischen Wasserscheide ausgeschildert. Aber auch ein knapp 900 Meter langer Spaziergang vom Karlsgraben bei Graben führt über den östlichen Kanaldamm direkt zur Wasserscheide, die ein ungewöhnlicher Brunnen anschaulich macht. Wird in den Brunnen Wasser gepumpt, läuft es über steinerne Abflussrinnen entweder nach links – in die Altmühl und über die Donau bis in das Schwarze Meer – oder nach rechts – in die Schwäbische Rezat und über den Main sowie den Rhein bis in die Nordsee.

Der Brunnen an der Wasserscheide (der Pumpenschwengel ist im Winter abmontiert): Sein Wasser fließt in die Donau – oder in den Rhein.

Stein, so weit das Auge reicht: Im Stadtgebiet von Treuchtlingen liegen etliche größere Steinbrüche.

Die „steinreiche" Stadt Treuchtlingen: Steinbrüche für Kalk und Kletterwände

Mit einer Fläche von 103 Quadratkilometern ist Treuchtlingen die größte Kommune des Landkreises Weißenburg-Gunzenhausen. In der Fränkischen Alb bei Treuchtlingen – südöstlich an der Altmühl, südwestlich am Möhrenbach – häufen sich die Steinbrüche (einer der Stadtteile heißt sogar Steinbruch). Am Hungerbachtal bei Dietfurt baut die Franken-Schotter GmbH & Co. KG Kalkstein, Dolomit und Travertin ab. In einem Steinbruch der 1911 gegründeten Gundelsheimer Marmorwerke wird westlich von Gundelsheim Treuchtlinger Marmor gewonnen. (Zugang für Gruppen nach Anmeldung möglich.) Im Klettersteinbruch bei Möhren sind mehr als 40 Routen der Schwierigkeitsgrade 4 bis 10 erschlossen: Diese Anlage ist ein Gemeinschaftsprojekt des Landkreises Weißenburg-Gunzenhausen, der Stadt Treuchtlingen sowie der DAV-Sektionen Treuchtlingen, Weißenburg und Gunzenhausen.

· www.franken-schotter.com
· www.lfu.bayern.de → Steinbruch Gundelsheim
· www.dav-weissenburg.de → Klettersteinbruch Möhren

Bei mehr als 50 Ortsteilen der flächenmäßig so großen Kleinstadt Treuchtlingen müssen beinahe zwangsläufig weitere Sehenswürdigkeiten weit außerhalb des Stadtkernes zu finden sein. Hoch über dem Möhrenbach steht zum Beispiel im Stadtteil **Möhren** das 1711 über einer älteren Höhenburg errichtete Schloss, das den Fuggern von Nordendorf gehörte. Nachdem Graf Maximilian zu Pappenheim dieses Fuggerschloss 1877 erworben hatte, ließ er es historisierend umbauen. Die Pfarrkirche Mariä Himmelfahrt in dem idyllisch am Fuß des Schlossberges gelegenen kleinen Ort hatte ein Fugger 1729 auf seine Kosten renovieren lassen. Sein Wappen entdeckt man an seinem Epitaph an der Nordwand des Chors.

Gut vier Kilometer südwestlich von Möhren liegt der Treuchtlinger Stadtteil **Gundelsheim**. Den dortigen Marmorsteinbruch haben US-Astronauten der Apollo-Missionen bei ihrem Feldtraining im Ries besucht. Wer sich auf die Suche nach der westlich von Möhren gelegenen Ruine der Ulrichskapelle auf dem rund 605 Meter hohen Uhlberg begibt, kommt über eine Landstraße zur Einöde **Eichhof**. Von der Straße aus ist dort ein in die

Hoch über dem Treuchtlinger Stadtteil Möhren steht das Schloss, das vormals den Fuggern und nach ihnen den Pappenheimern gehörte.

In die Fassade eines Bauernhofs in der Einöde Eichhof bei Möhren hat man einen römischen Grabstein eingemauert, der ein Ehepaar darstellt.

Fassade eines Bauernhauses eingemauerter römischer Grabstein zu sehen, der ein sitzendes Ehepaar darstellt.

Der Uhlberg liegt ungefähr sieben Kilometer südwestlich von Treuchtlingen sowie an der Grenze zur Gemeinde **Wolferstadt** (diese Nachbarkommune gehört bereits zum bayerisch-schwäbischen Landkreis Donau-Ries) und damit ziemlich genau im Mittelpunkt eines gedachten Dreieckes zwischen Möhren, dem Treuchtlinger Ortsteil **Auernheim** und dem Ort Wolferstadt. Im Wald auf dem Uhlberg (in den Grenzen der Gemarkung des Wolferstädter Ortsteils **Zwerchstraß**) steht die Ruine der Kapelle St. Ulrich. Halbwissen, Mythen und Legenden machen diese Ruine spannend: Um das spätgotische Gemäuer rankt sich die Gespenstergeschichte der „weißen Frau vom Uhlberg“. Zu den Rätseln um diese in stillster Waldeinsamkeit gelegene Ruine gehört auch, dass noch nicht einmal geklärt ist, wann das Benediktinerinnenkloster auf dem Uhlberg und damit die Kapelle St. Ulrich zerstört wurden – im Dreißigjährigen Krieg oder während des Großen Bauernkriegs, der 1525 auf dem Hahnenkamm heftig tobte? Belegt ist, dass der 26 Meter lange

Im Wald auf dem Uhlberg zwischen Möhren und Zwerchstraß steht die einsame Ruine der Kapelle eines Benediktinerinnenklosters.

und zehn Meter breite Bau im 19. Jahrhundert sowie 1970 renoviert wurde: Langhaus und Chor sind erhalten.

Den Weg zur Ruine findet man vom 700 Meter nordöstlich gelegenen Weiler **Siebeneichhöfe** aus, der noch im Stadtgebiet von Treuchtlingen liegt. Von Süden her ist die Kapellenruine über Wolferstadt zu erreichen, wobei der Weg dann über den Ortsteil Zwerchstraß führt. Diese Dörfer liegen am südlichsten Rand des Hahnenkamms – vielleicht der Grund, weshalb die 545 Meter hohe Erhebung bei Wolferstadt „Schwanzberg" heißt? In der 1777 errichteten Kapelle Beatae Mariae Virginis in Zwerchstraß steht das Ende des 15. Jahrhunderts geschnitzte vielfigurige hölzerne Relief eines Marientods, das sich früher in der Ulrichskapelle auf dem Uhlberg befunden haben soll. In Wolferstadt lohnt sich ein Blick in die um 1740 erbaute Pfarrkirche St. Martin: Das Gemälde am Hochaltar stellt St. Martin als Beschützer der Gemeinde dar. Das Altarblatt malte der Donauwörther Johann Baptist Enderle. In der Zeit um 1500 wurde die gotische Figur des heiligen Martin zu Pferd geschnitzt, die ebenfalls in dieser barocken Kirche steht.

Auf einem der südlichen Ausläufer des Hahnenkamms wurde St. Martin in Wolferstadt erbaut.

Der Weg zur nächsten sehenswerten Ruine führt wahlweise über Wolferstadt oder über Auernheim. Dieser Stadtteil von Treuchtlingen ist der höchstgelegene Ort Mittelfrankens. Vom 633 Meter hohen Kirchberg über dem westlichen Ortsrand von Auernheim sieht man an Föhntagen sogar die Alpen. Die evangelische Pfarrkirche St. Georg – sie steht auf einem schon in vorgeschichtlicher Zeit besiedelten Hügel im Ort – stammt im Kern aus dem 11./12. Jahrhundert: Sie soll zwischen 1141 und 1151 erbaut worden sein. Das heutige, ab 1729 errichtete Gotteshaus ist der Überlieferung nach bereits die vierte Auernheimer Kirche: Der im Dreißigjährigen Krieg zerstörte Vorgängerbau war jedenfalls als Wehrkirche angelegt. Von der Befestigung des Kirchhofs blieben ein Torbau und die Umfassungsmauer erhalten.

Sechs Kilometer westlich von Auernheim steht die Ruine der St.-Katharinen-Kapelle hoch über **Hechlingen am See**, einem Ortsteil der mittelfränkischen Marktgemeinde **Heidenheim**, auf dem 585 Meter hohen Kappelbuck. Der Bau auf dem Kapellenberg wurde wohl noch vor der Mitte des 15. Jahrhunderts errichtet. Man vermutet, dass eine Wallfahrt dorthin geführt hatte, bis dieses Dorf

Den Hahnenkammsee bei Hechlingen am See speist Wasser der (aufgestauten) kleinen Rohrach.

evangelisch wurde. Die bis dahin unbeschädigte Kapelle wurde danach wohl ab dem 18. Jahrhundert als Steinbruch genutzt. Bei der Ruine wurde 1999 ein hölzerner Glockenturm aufgestellt, dessen Glocke vom Turm der Kapelle St. Katharina stammen soll. Der Weg auf den Kapellbuck lohnt sich auch wegen der weiten Aussicht über das Umland – nicht zuletzt auf die beiden Türme der Hechlinger Pfarrkirche St. Lucia und Ottilie. 1061 soll dort (an der Stelle eines hölzernen Vorgängerbaus) die erste gemauerte Kirche entstanden sein. 1491 war der Chorturm mit einem Spitzhelm über den vier Giebeln errichtet worden. Von 1868 bis 1872 wurde die heutige Kirche im neugotischen Stil erbaut und ausgestattet.

Der See, den Hechlingen am See heute im Namen trägt, ist der bis 1977 angelegte Hahnenkammsee, für den die kleine Rohrach aufgestaut wurde. Er war der erste unter den „künstlichen Erholungsseen" im Fränkischen Seenland. Im näheren Einzugsgebiet des Hahnenkammsees liegen Naturdenkmäler wie der Hohle Stein – eine Höhle im Schmidsberg –, die Blutrinne, ein kleiner Felsen am Hungerberg, wo angeblich Kelten Menschenopfer darbrachten, und die Steinerne Rinne (die Kalktuffrinne

1868 wurde die Hechlinger Pfarrkirche St. Lucia und St. Ottilie im neugotischen Stil erneuert.

einer Schichtquelle) nördlich von Hechlingen am See. Weitere sehenswerte Mauerreste liegen nah beim Hahnenkammsee: Auf dem Schlossberg – unweit vom

Auf dem beinahe 600 Meter hohen Kapellenberg über Hechlingen steht einsam die romantische Ruine der gotischen Katharinenkapelle.

südlichen Ufer dieses Stausees – findet man den Burgstall der wohl schon im 11. Jahrhundert erbauten Burg Stahelsberg. Von dieser Burg hoch über dem Rohrachtal sind abgesehen von Wall und Graben lediglich noch spärliche Mauerreste der Kapelle erhalten. Um den 528 Meter hohen Schlossberg rankt sich eine Sage um jene Burgherrin, die ihre zwei unehelichen Kinder in einem Weiher ertränken lassen wollte. Sie wurden vom Burgherrn, der soeben vom Kreuzzug zurückkehrte, zufällig gerettet. Seine untreue Ehefrau aber ließ er in einem mit Nägeln beschlagenen Fass den Schlossberg hinunterrollen und darin im selben Weiher ertränken.

Etwa einen Kilometer vom westlichen Seeufer entfernt entdeckt man (westlich des Schmidsberges) auf freiem Feld Relikte eines einfachen römischen Bauernhofs. Die (restaurierten) Grundmauern dieser einsam gelegenen Villa rustica bei **Hüssingen** stammen aus dem 2. oder 3. Jahrhundert. Man nimmt an, dass es sich hier – wegen der am Hahnenkamm häufig recht rauen Winter – um eine Alpe (Alm) gehandelt hat: In der grünen Jahreszeit wurde dort Vieh gehütet, doch in den Wintermonaten haben die Bewohner diesen Bauernhof wohl verlassen.

Nur noch die Mauerreste einer Kapelle erinnern an die abgegangene Burg Stahelsberg.

Zwischen Hechlingen am See und Hüssingen findet man die Fundamente einer Villa rustica.

Ungefähr drei Kilometer weiter westlich wartet (direkt an der westlichen Grenze des Naturparks Altmühltal) die nächste sehenswerte Ruine auf Besucher – die Mauern

Im Wald hoch über dem Hainsfarther Ortsteil Steinhart steht die Ruine einer vermutlich schon im 13. Jahrhundert erbauten Burg.

Auf dem Areal der früheren Vorburg der Burg Steinhart entdeckt man einen jüdischen Friedhof.

der Burg in **Steinhart**, einem Ortsteil der bayerisch-schwäbischen Gemeinde **Hainsfarth**. Die Ruine hat eine lange Vorgeschichte: Die Burg wurde wohl 1310 sowie nochmals 1634 weitgehend zerstört. Zu ihren Besitzern zählten unter anderem die Ritter von Gundelsheim und die Fürsten von Oettingen-Spielberg. Bis 1876 war diese rechteckige Anlage, die etwa 80 Meter hoch über dem Dorf am Gänsbach liegt, bewohnt. Heute sind noch bis zu mehr als zehn Meter hohe Außenmauern erhalten. Durch den Buchenwald um den Burggraben führt ein Waldweg. Rund 50 Meter unterhalb der Ruine, auf dem Gelände der ehemaligen Vorburg, stehen auf dem steil abfallenden, eingezäunten Areal – dem „Judenbuck" – 99 Grabsteine eines im 18. Jahrhundert angelegten und 1944 geschändeten jüdischen Friedhofs.

Auch nördlich von Hechlingen am See wird die Suche nach mittelalterlichen Gemäuern von Erfolg gekrönt. Im vier (auf der Straße sechs) Kilometer entfernten Dorf **Hohentrüdingen**, das heute ebenfalls ein Ortsteil der Marktgemeinde Heidenheim ist, bauten die Edelfreien von Truhendingen eine Höhenburg. Die vormals größte hochmittelalterliche Festung zwischen dem mittleren

Lauf der Wörnitz und der Altmühl stand auf einem Bergkegel, der nach drei Seiten hin steil abfällt. Mit der Burg verbindet sich ein berühmter Name, weil der Besitz der Truhendinger 1404 an die Burggrafen von Nürnberg fiel: Der neue Burgherr war der Hohenzoller Friedrich VI. (Burggraf in Nürnberg von 1397 bis 1420). Er kam 1415 in den Besitz der Mark Brandenburg und wurde – als Friedrich I., also als erster Hohenzoller – dadurch Kurfürst und zudem Erzkämmerer des Heiligen Römischen Reiches Deutscher Nation. Nach dem Tod seines älteren Bruders Johann herrschte er ab 1420 und bis zu seinem Tod im Jahr 1440 darüber hinaus auch noch über die Markgrafschaft Brandenburg-Kulmbach.

Abgesehen von den Relikten der Wälle und Gräben ist von der Hohenzollernburg in Hohentrüdingen nur der bereits Mitte des 12. Jahrhunderts mit Buckelmauerquadern errichtete Bergfried erhalten. Für dieses Denkmal der Vorgeschichte des nachmaligen Königreiches Preußen sowie der Hohenzollernkaiser des Deutschen Reiches wurde 1819 eine Zweitnutzung gefunden, der Rest der Burg wurde 1812 auf Abbruch verkauft. Seit

Der rechteckige Bergfried aus drei Meter dickem Buckelquadermauerwerk in Hohentrüdingen ist das Relikt einer ausgedehnten Festungsanlage.

Zahlreiche Treppenstufen im 27 Meter hohen ehemaligen Bergfried in Hohentrüdingen führen zur Aussichtsplattform auf dem Kirchturm.

dieser Zeit dient der rechteckige Bergfried, der damals um seinen mehreckigen Aufsatz samt Spitzhelm erhöht worden war, als Kirchturm der von 1817 bis 1819 erbauten evangelischen Kirche St. Johannes der Täufer. Sie ersetzte eine zuvor bestehende und im 18. Jahrhundert erweiterte Burgkapelle. In dem jederzeit zugänglichen Kirchturm führen zahlreiche Treppenstufen zu einer Aussichtsplattform hinauf, von wo aus man den weiten Blick auf das Ries und bis zum Hesselberg genießt.

Mitte des 12. Jahrhunderts hatten die Edelfreien von Truhendingen sowie später – nach den Herzögen von Bayern – auch die Nürnberger Burggrafen aus dem Haus Hohenzollern die Vogtei des Klosters Heidenheim inne. Heute gehört der Sitz der einstigen Schutzherren zur Marktgemeinde Heidenheim, dessen spektakulärer Ortsmittelpunkt die dreischiffige romanische Basilika dieses fränkischen Urklosters ist. Gegründet wurde das Kloster im Jahr 752 durch zwei angelsächsische Missionare, den heiligen Wunibald und den heiligen Willibald (Letzterer, der ältere der beiden Brüder, wurde der erste Bischof von Eichstätt). Das Kloster der Benediktiner in

Das Münster St. Wunibald war die Kirche des im Jahr 752 gegründeten fränkischen Urklosters in Heidenheim. Mit seinen Anfängen verbindet sich die Vita der Heiligen Wunibald und Walburga.

Heidenheim wurde zunächst von Wunibald geleitet. Als er 761 starb, übernahm seine Schwester Walburga die Leitung und gründete zusätzlich noch ein Frauenkloster. Doppelklöster waren in England üblich – in Deutschland stellte ein Kloster, in dem Mönche und Nonnen unter einem Dach lebten, eine unerwünschte Neuerung dar. Das Heidenheimer Benediktiner- und Benediktinerinnenkloster wurde etwa zehn Jahre nach Walburgas Tod im Jahr 779 aufgehoben und in ein Stift für Weltgeistliche (das dann bis 1153 bestand) umgewandelt. Fast 20 Jahre lang hatte die um 870 heiliggesprochene Walburga den Klosterbetrieb organisiert und alle männlichen Machtansprüche abgewehrt. Ihrer Tatkraft ist es vermutlich geschuldet, dass sie nicht nur als Patronin der Wöchnerinnen und Seeleute, Bauern und Haustiere galt, sondern auch als Beschützerin der Feldfrüchte, vor Hungersnot und Missernten, vor Hundebiss, Tollwut, Pest, Seuchen, Husten, Augenleiden und Sturm angerufen wurde.

Auf die im frühen 13. Jahrhundert erbaute gotische Gruftkapelle der heiligen Walburga im romanischen,

Im Münster St. Wunibald in Heidenheim findet man eine romanische Gruftkapelle mit der gotischen Tumba der heiligen Walburga.

um 1180 errichteten Langhaus stößt man nur wenige Schritte nach der Vorhalle an der Westseite der Kirche. Das Grabdenkmal, das die liegende Heilige darstellt, entstand 1484. Über dem Kopf der Heidenheimer Äbtissin halten zwei Engel eine Krone. In ihrer Rechten hält sie ein Zepter, in ihrer Linken ein Buch mit den Ordensregeln der Benediktiner und einen kleinen Ölkrug. (Um 870 hatte man die Reliquien der Heiligen nach Eichstätt überführt und diese 1042 in einem Steinsarg unter dem Hochaltar der neuen Kirche St. Walburg geborgen. Die Grabplatte sonderte regelmäßig Flüssigkeit – vermutlich Kondenswasser – ab: Tropfen dieses „Walburgisöls" hat man aufgefangen und ihnen Heilkraft zugeschrieben.)

Das Grabdenkmal ihres Bruders, des Klostergründers Wunibald, steht in der Vierung der Kirche St. Wunibald in Heidenheim zentral im romanischen Querschiff und vor dem gotischen Chor. Die 1483 entstandene Grabplatte zeigt den Heiligen als Liegefigur, der das Modell der Klosterkirche in der linken Hand und den Krummstab des Abtes in seiner Rechten hält. In St. Wunibald finden sich etliche weitere hochrangige gotische Grab-

Das Hochgrab des heiligen Wunibald: Dieser angelsächsische Missionar hatte im Jahr 752 das Benediktinerkloster in Heidenheim gegründet.

denkmäler von Schirmvögten, Äbten und Verwaltern des Klosters. Vor allem im nördlichen Seitenschiff häufen sich hochwertige Bildhauerarbeiten wie die Grabplatte

Graf Ulrich I. von Truhendingen war um das Jahr 1310 der Schirmvogt des Benediktinerklosters.

Unter dem Heidenheimer Abt Wilhelm erreichte das Kloster seine größte Bedeutung. Diesen Abt stellt ein farbiges Epitaph in St. Wunibald dar.

des Schirmvogtes Graf Ulrich I. von Truhendingen und seiner Gemahlin Imagina von Oettingen (um 1310). Direkt daneben sieht man das wenig jüngere Epitaph

Der Kreuzgang des Heidenheimer Benediktiner-klosters ist nur bei Führungen zu besichtigen.

Direkt neben dem Heidenheimer Münster entdeckt man den Heidenbrunnen. Eine kleine spätgotische Halle überwölbt die gefasste Quelle.

des Wiricho von Treuchtlingen – auch er war einer der Vögte dieses Benediktinerklosters – und seiner Ehefrau Agnes von Muhr. In der Wand darüber ist das farbig gefasste Vestenberg-Epitaph eingelassen: Das Grabdenkmal zeigt den 1446 verstorbenen, etwas verwachsenen und vermutlich kleinwüchsigen Abt Wilhelm lebensgroß. Wilhelm war der baufreudigste unter den Äbten dieses Klosters, das unter ihm ab 1428 seine größte Bedeutung erlangte. Die Konventsgebäude sind nördlich an die vormalige Klosterkirche angebaut. Dort ist der bis 1487 errichtete spätgotische Kreuzgang zwar erhalten, jedoch ausschließlich im Rahmen von Führungen zu besichtigen.

Das Münster St. Wunibald ist seit der Reformation eine evangelische Pfarrkirche. Der letzte Abt des Klosters hatte 1529 seine Geliebte geheiratet, und ein vom Markgrafen von Ansbach pro forma eingesetzter (ebenfalls verheirateter) Abt trat 1536 vom Amt zurück. Schon 1534 war in St. Wunibald lutherisch gepredigt worden. Als auch noch die alte Pfarrkirche im Ort 1551 abbrannte, wurde die Klosterkirche der evangelisch-lutherischen Gemeinde übergeben. Die markanten Doppeltürme der

Steinerne Rinnen im nördlichen Geopark Ries: die 150 Meter lange Käsrinne bei Heidenheim (links) und die kürzere Steinerne Rinne bei Hechlingen.

Kirche waren 1866 derart baufällig geworden, dass man sie durch Neubauten ersetzen musste. 1952 wurde der äußerst sehenswerte Baukomplex umfassend saniert. Immer zugänglich ist der Heidenbrunnen in der Grünanlage an der Ostseite der Heidenheimer Kirche, ein paar Schritte von dem vor 1363 errichteten gotischen Chor der dreischiffigen Basilika entfernt. Am Fuß eines Hanges entspringt dort eine Quelle, deren Fassung mit einer offenen spätgotischen Säulenhalle überbaut wurde. 1838 erwähnte eine Beschreibung der Geografie im Königreich Bayern, dass diese Quelle auch Kloster-, Käs- oder Wunibaldsquelle genannt wurde – und dass ihr kalkhaltiges Wasser „alle eingesenkten Gegenstände mit einer steinigten Kruste" überziehe. Der hohe Kalkgehalt des Wassers lässt sich im Geopark Ries an den sogenannten Steinernen Rinnen erkennen: Zwei Beispiele dafür sind die Käsrinne bei Heidenheim und die Steinerne Rinne bei Hechlingen am See.

Gut viereinhalb Kilometer nordwestlich von Heidenheim liegt **Spielberg**, ein Ortsteil der mittelfränkischen Gemeinde **Gnotzheim**. Die nordwestlichste Grenze des

Steinerne Rinnen am Südrand der Fränkischen Alb sind Quellkanäle, die in Jahrtausenden vom Kalksinter der Hangquellen gebildet wurden.

Geologische Phänomene aus Quellkalk: Steinerne Rinnen am nördlichen Kraterrand

Am Nordrand des Geoparks Ries häuft sich an den Hängen der Fränkischen Alb das seltene Phänomen der Steinernen Rinnen. Ausfällungen von Kalziumkarbonat bilden dort an mehreren Schichtquellen eine Art Hochbett: Das Quellwasser fließt zwischen zwei bemoosten Wülsten aus Quellkalk quasi wie zwischen leicht erhabenen Kanalwänden hangabwärts. Im Geopark Ries liegt beispielsweise die in Jahrtausenden gewachsene Käsrinne bei Heidenheim: Sie ist eine ungefähr 150 Meter lange, bis zu 40 Zentimeter hohe Rinne aus Kalktuff (Kalksinter). Die Steinerne Rinne bei Hechlingen am See ist zwar nur circa zehn Meter lang und 30 Zentimeter hoch, sie ist jedoch – anders als es bei etlichen anderen Rinnen der Fall ist – weitgehend ohne menschliches Zutun entstanden. Erst im Anfangsstadium ihrer Rinnenbildung ist die kleine Steinerne Rinne bei Buckmühle nahe Gnotzheim.

- www.geopark-ries.de → Steinerne Rinne Heidenheim
- www.geopark-ries.de → Steinerne Rinne Hechlingen

Im frühen 12. Jahrhundert wurde Schloss Spielberg erstmalig erwähnt: Nach ihm benannten sich später die Grafen von Oettingen-Spielberg.

Naturparks Altmühltal verläuft genau zwischen diesen beiden Orten. Noch in den Grenzen dieses Naturparks und im nördlichsten Ausläufer des Geoparks Ries steht

Seit dem Jahr 1983 beherbergt Schloss Spielberg ein Museum für zeitgenössische Kunst.

Schloss Spielberg steht auf dem teils bewaldeten Hagbuck über dem mittelfränkischen Gnotzheim, der nördlichsten Gemeinde im Geopark Ries.

auf 596 Metern Höhe das Schloss Spielberg auf dem Hagbuck – mehr als 80 Meter über dem Dorf Spielberg und sogar mehr als 120 Meter über dem in Sichtweite gelegenen Gnotzheim. Bis zum 13. Jahrhundert gehörte die Höhenburg auf dieser landschaftsbeherrschenden Bergkuppe, die nach allen Seiten hin steil abfällt, den Edelfreien von Truhendingen. Sie führten ab 1264 den Grafentitel. Doch weil Ulrich I. von Truhendingen 1311 ohne männliche Erben starb, fiel Burg Spielberg an die Grafen von Oettingen.

Sie erbauten im späten 14. und frühen 15. Jahrhundert die ovale Anlage mit dem geknickten Wohnbau, der in die Zwingermauer integriert ist. Ebenfalls an die innere Mauer angebaut ist die bis 1427 errichtete Schlosskapelle St. Johannes Evangelist, die wie das gesamte Schloss im 18. Jahrhundert barockisiert wurde. Damals entstand auch die Buckelquadermauer des Zwingers. Die Ringmauer um den gesamten Komplex, eine bis zu fünf Meter hohe Steinquadermauer, stammt im Kern aus dem 14./15. Jahrhundert. Vom Dorf Spielberg aus führt der Weg durch eine Auffahrtsallee mit altem

Baumbestand. Nach Spielberg nannte sich die Linie Oettingen-Spielberg, die sich im 17. Jahrhundert von der Linie Oettingen-Wallerstein abgespalten hatte und bereits 1734 in den Fürstenstand erhoben wurde. Als Residenzort spielte Spielberg jedoch nie eine Rolle. Das Schloss übergab Fürst Albrecht zu Oettingen-Spielberg 1983 an den Bildhauer Ernst Steinacker, der die gesamte Anlage renovierte. In Stein und Bronze gearbeitete Werke des 2008 in Spielberg verstorbenen Bildhauers sind nun als Dauerausstellung im Schlosshof beziehungsweise in den Wiesen um Schloss Spielberg zu sehen.

In Gnotzheim erinnern zwei römische Inschriftensteine an respektive in der katholischen Pfarrkirche St. Michael an das römische Kastell Mediana. Ein Inschriftenstein in der stets zugänglichen Außenfassade der südlichen Langhauswand dieses barocken Sakralbaus stammt aus dem Jahr 144 nach Christus: Er überliefert eine Widmung an den Kaiser Antoninus Pius. Das Bruchstück eines Steins an der Innenwand zeigt eine Weiheinschrift für Kaiser Caracalla, in dessen Regierungszeit römische Truppen 213 nach Christus einen Alamanneneinfall abwehrten.

Beim Bau der Gnotzheimer Kirche wurde ein römischer Inschriftenstein wiederverwendet: Diese Spolie ist wohl ein Relikt des Kastells Mediana.

Der Karlsgraben in Graben ist bei Radwanderern eine der beliebtesten Stationen im Geopark Ries.

Wandern und Radwandern im Geopark Ries: Wege zu Planeten, Schäfern und Schweden

Ideal für Radwanderungen: das flache Becken des Rieses. Ideal für Wanderungen: die teils bewaldeten Höhenzüge am Rand des Kraters. Spannend für beide: Die Themenwege im Geopark Ries leiten nicht nur zu Natur, Geotopen und Denkmälern, sondern auch durch die Geschichte, zum Beispiel auf dem jeweils 19 Kilometer langen „Schäferweg" und dem „Schwedenweg" von Bopfingen bis zum Schlachtfeld bei Schmähingen. „Typisch Ries" ist der 23 Kilometer lange „Planetenweg" von Nördlingen bis zum Bockberg über Harburg. Als Zentrum des Planetensystems gibt die Turmkuppel von St. Georg die Maßstäbe für die Darstellung der Planeten und deren jeweilige Entfernung von der Sonne vor. In der Altstadt liegen die Umlaufbahnen von Merkur, Venus und Erde. Nach weiteren Stationen steht am Ende des Planetenwegs Pluto auf dem „Bock" bei Harburg.

· Mehr zu Wandern, Radwandern und Lehrpfaden im Geopark Ries: www.geopark-ries.de → Wander- und Radwege
· Mehr zum „Planetenweg": www.ferienland-donau-ries.de → Planetenweg

Weitere Geotope im Geopark Ries

- **Bubenheim** Auf der Kuppe des Bubenheimer Berges (im nördlich von Treuchtlingen gelegenen Stadtteil) finden sich mehrere Kubikmeter große Härtlinge – allochthone Schollen von Malmmassenkalk und von Dolomit (www.geopark-ries.de→Bubenheimer Berg).
- **Heidenheim** Die Sieben Quellen entspringen unweit der Staatsstraße 2384 (www.geopark-ries.de→ Sieben Quellen).
- **Stahlmühle** Ein (abgesperrter) Steinbruch nordöstlich des Heidenheimer Ortsteils (www.geopark-ries.de→ Steinbruch nordöstlich Stahlmühle).
- **Hohentrüdingen** In einer aufgelassenen Sandgrube ist schräg geschichteter Doggersandstein mit Eisenoolithlagen aufgeschlossen (www.geopark-ries.de→ Eisensandsteinaufschluss Hohentrüdingen).
- **Hechlingen am See** Am Kappelbuck schneidet sich ein Hohlweg bis zu neun Meter tief ins Gestein ein. Erzhorizonte im Doggersandstein sind aufgeschlossen (www.geopark-ries.de→Hohlweg Hechlingen).
- **Ursheim** Der Sommerkeller südöstlich von Ursheim verläuft als 100 Meter langer Stollen (Einsturzgefahr) mit Aufschlüssen (Suevit und Bunte Breccie) parallel zum Hang (www.geopark-ries.de→Sommerkeller Ursheim). Östlich des Ortes liegt ein früherer Steinbruch (www.geopark-ries.de→Steinbruch Ursheim).
- **Polsingen** Südwestlich von Polsingen liegt ein früherer Suevitbruch (www.geopark-ries.de→Suevitbruch Polsingen), und auch östlich findet sich ein kleiner ehemaliger Steinbruch (www.geopark-ries.de→ Steinbruch Polsingen).
- **Döckingen** Ein Dolinenfeld liegt südwestlich dieses Ortes (www.geopark-ries.de→Dolinenfeld Maierholz Döckingen), auch südöstlich findet man eine Doline (www.geopark-ries.de→Doline Südosten Döckingen). Quarzitblöcke östlich von Döckingen – isolierte und teils Kubikmeter große fossilfreie Blöcke – sind eine Besonderheit im Ries sowie ein Rätsel für Geologen (www.geopark-ries.de→Quarzitblöcke Döckingen).
- **Kohnhof** Hier findet man drei große Schluckdolinen (www.geopark-ries.de→Ponordolinen).

Gut zu wissen – Tourismustipps zum Geopark Ries

- **Tourismus in und um Treuchtlingen** Auskünfte und Broschüren gibt es bei der Kur- und Touristinformation Treuchtlingen, Heinrich-Aurnhammer-Straße 3 (im Schloss) 91757 Treuchtlingen, Telefon 0 91 42/96 00-60, im Internet unter www.treuchtlingen.de→Tourismus.
- **Altmühltherme** 32 bis 36 Grad warm sprudelt das staatlich anerkannte Heilwasser aus zwei Quellen in die Thermalbecken (www.tourismus-treuchtlingen.de→Altmühltherme).
- **Infozentrum des Geoparks Ries** Der Geopark informiert Besucher der Stadt und der Region im Treuchtlinger Stadtschloss (www.geopark-ries.de→Infozentrum Treuchtlingen).
- **Naturpark Altmühltal** Im Treuchtlinger Stadtschloss findet man auch das Informationszentrum Naturpark Altmühltal. Mehr zum Naturpark erfährt man im Informationszentrum Naturpark Altmühltal, Notre Dame 1, 85072 Eichstätt, Telefon 0 84 21/98 76-0, info@naturpark-altmuehltal.de, www.naturpark-altmuehltal.de.
- **Fränkisches Seenland** Zur nördlich angrenzenden Nachbarregion des Geoparks Ries informiert der Tourismusverband Fränkisches Seenland, Hafnermarkt 13, 91710 Gunzenhausen, Telefon 0 98 31/50 01-20, info@fraenkisches-seenland.de, www.fraenkisches-seenland.de.
- **Ausstellung zum Karlsgraben** Auskünfte zur Karlsgraben-Ausstellung in Graben (Karlsgrabenstraße 7a, geöffnet von April bis Mitte Oktober, Mittwoch bis Sonntag von 14 bis 17 Uhr) erhält man per Telefon 0 91 42/86 17 oder auch im Internet (www.naturpark-altmuehltal.de→Karlsgraben).
- **Schlüssel zur Burg** Die Burgruine der Oberen Veste über Treuchtlingen ist jederzeit zugänglich. Den Schlüssel für den Bergfried erhält man – gegen eine Kaution – im Stadtschloss (www.geopark-ries.de→Obere Veste Treuchtlingen).
- **Treuchtlinger Mühlenweg** Dieser zwölf Kilometer lange Wanderweg führt von Treuchtlingen aus über Dietfurt und Schambach ins Altmühltal, ins Schambachtal und ins Schambachried (www.tourismus-treuchtlingen.de→Mühlenweg).
- **Führungen durch das Kloster in Heidenheim** Informationen zu öffentlichen und buchbaren Führungen für Gruppen unter www.kloster-heidenheim.eu→Klosterführungen.
- **Schloss Spielberg** Zu Schloss Spielberg und zum Bildhauer Ernst Steinacker informiert www.schlossspielberg.de.

An der Donau und über dem Donautal

Von Donauwörth in Richtung Westen

Auchsesheim
Bergheim
Donaumünster
Donauwörth
Kloster-Mödingen
Lutzingen
Mödingen
Mörslingen
Oberfinningen
Oberliezheim
Tapfheim
Unterfinningen
Unterliezheim

Die Türme des gotischen Liebfrauenmünsters und der barocken Klosterkirche Heilig Kreuz dominieren die „Skyline" von Donauwörth.

Im Donautal westlich von Donauwörth: der Fluss, Barockkirchen und eine Selige

Ab Donauwörth leitet eine 35 Kilometer lange Tour zwischen der Donau und dem Schwäbischen Jura am südlichen Rand des Geoparks Ries entlang. Der Weg führt zu Bauten der Äbte des Klosters Kaisheim, zu gotischen Fresken und barocken Kirchen sowie zu den Spuren blutiger Schlachten, eines Rokokomalers und eines Komponisten, einer Mystikerin und eines Heiligen.

„Schlüssel zum Reiche, zu Wasser und zu Land" wurde **Donauwörth** wegen der zentralen Lage an der Donaubrücke zwischen Italien, den Alpen sowie Augsburg im Süden und Franken im Norden genannt. Daran, dass auch die Donau eine Verkehrsader war, erinnert der bis 2017 gestaltete Uferpark „Alter Donauhafen". Besucher des Geoparks Ries kommen an der Donaustadt kaum vorbei, wenn sie von Süden, Osten oder Westen anreisen, umso weniger, als der Geopark Ries e.V. im Landratsamt

An der Donauwörther Reichsstraße steht die gotische Stadtpfarrkirche „Zu unserer lieben Frau".

Donauwörth zu Hause ist. Der ältere Teil des Landratsamtes war ein Stadtschloss, das Anton Fugger ab 1537 neben dem gotischen Liebfrauenmünster am höchsten Punkt der Reichsstraße bauen ließ. Die Reichsstraße gilt als einer der schönsten Straßenzüge Süddeutschlands. Von der Stadtpfarrkirche aus schaut man auf den Turm der Klosterkirche Heilig Kreuz: In dem vom Rokoko geprägten Sakralbau findet man die Grabplatte der Maria von Brabant. Ihr Ehemann – der Wittelsbacherherzog Ludwig II. „der Strenge" – hatte sie 1256 aus Eifersucht hinrichten lassen: An dieses Ehedrama erinnert wenige Gehminuten entfernt ein Inschriftenstein am Mangoldfelsen, auf dem Ritter Mangold von Werd um das Jahr 900 seine Burg errichten ließ. Den hohen Kalkfelsen an der Promenade hatte das Riesereignis dorthin versetzt.

Donauwörth lernt man am schnellsten beim Spaziergang durch die Reichsstraße kennen, die vom Rathaus, aus (vorbei am Tanzhaus und am Liebfrauenmünster) bis zum Fuggerhaus ansteigt. Ein paar Schritte nordöstlich dieses Fugger'schen Pfleghauses steht man vor dem Kloster Heilig Kreuz: Die Klosterkirche ist ein Rokokojuwel. Ein Blick in sein gotisches Pendant, die Stadt-

Das Fuggerhaus (auch: Pfleghaus) war lange der Verwaltungssitz der Reichspflege Donauwörth.

pfarrkirche „Zu unserer lieben Frau", verdeutlicht Rang und Reichtum dieser ehemaligen Reichsstadt, die 1714 endgültig zu Bayern kam. Das war nach dem Spanischen Erbefolgekrieg: An eine Schlacht dieses Kriegs vor den

In der Donauwörther Klosterkirche Heilig Kreuz ist die unglückliche Maria von Brabant bestattet.

Der Donauwörther Mangoldfelsen erinnert an die Rieskatastrophe – und an die Burg Mangoldstein.

Mauerreste auf dem Mangoldfelsen: das Riesereignis – und eine tödliche Tragödie

150 Kubikkilometer (!) Gesteinsmassen wurden durch den Riesimpakt im Umkreis von 50 Kilometern verlagert. Auch der Mangoldfelsen in Donauwörth, eine allochthone Malmscholle, wurde damals hierher versetzt. An der Nordseite des mächtigen Kalksteinblockes hält eine steinerne Gedenktafel fest: „Auf diesem Fels erhob sich einst die Burg zu Wörth, um das Jahr 900 erbaut […].“ 1040 haben Kaiser Heinrich III. und Papst Leo IX. die Mangoldstein genannte Burg besucht. 1256 wurde die Burg Mangoldstein zum Schauplatz einer blutigen Tragödie: Ludwig II. „der Strenge“, Herzog von Bayern, ließ dort 1256 seine Gemahlin Maria von Brabant (angeblich aus Eifersucht) enthaupten. Die Burg wurde 1308 abgetragen und der Burgfelsen in die Donauwörther Stadtmauer integriert. Der Mangoldfelsen ist ein Naturdenkmal – und im Sommer seit Jahren die Kulisse einer Freilichtbühne.

· Donauwörth, Promenade/Brabanter Weg beziehungsweise Innenhof der Mangold-Grundschule, Spindeltal 6
· www.geopark-ries.de → Mangoldfelsen

1704 – nach der Schlacht am Schellenberg – gelobten der Rat und die Bürger von Donauwörth, am Ort der Kämpfe den Kalvarienberg anzulegen.

Mauern von Donauwörth erinnert der Kalvarienberg, der wiederum wenige Schritte vom Mangoldfelsen entfernt liegt. Romantische Reste der Stadtmauer, die Donau-

Das idyllische Färbertörl zählt (wie das Rieder Tor im Hintergrund) zu den Relikten der Stadtmauer.

Der Tonschöpfer Werner Egk ist der berühmte Sohn des Donauwörther Stadtteils Auchsesheim.

Werner Egk: der in Auchsesheim geborene Komponist ist Donauwörther Ehrenbürger

Vier Ehrenbürger hat die Kreisstadt Donauwörth: Der zweite wurde am 11. November 1971 der 1901 im heutigen Donauwörther Stadtteil Auchsesheim geborene Komponist Werner Egk. Der Geburtsname des 1983 verstorbenen Schöpfers von Opern-, Orchester-, Vokal-, Ballet- und auch Filmmusik lautete Werner Joseph Mayer. Geboren wurde Werner Egk nämlich als eines der Kinder des Lehrers Joseph Mayer und dessen Ehefrau Maria. Der (Künstler-)Name Egk ist ein sogenanntes Akronym: Es wird darüber spekuliert, ob er aus den Anfangsbuchstaben von „Ein guter Komponist“ oder auch „Ein großer Künstler“ gebildet wurde. Ein Denkmal des prominenten Tonschöpfers findet man mitten in Auchsesheim, einem von nur vier Dörfern im Geopark Ries, die südlich der Donau liegen. Die steinerne Stele mit der Bronzebüste, dem Namen und den Lebensdaten des Komponisten steht dort auf dem Werner-Egk-Platz. Donauwörth ehrte Egk mit dem „Zaubergeigen-Brunnen“ in der Promenade. Verstorben ist der Tonschöpfer 1983 am Ammersee, bestattet wurde er in Donauwörth: Egks Grabstein auf dem Friedhof steht westlich der Johanniskirche.

Johann Baptist Enderle schuf 1792 für die Kirche in Auchsesheim das Fresko der Geburt Christi.

wörth niemals ernsthaft gegen irgendeinen Angreifer verteidigen konnte, sieht man unweit der Reichsstraße beim Rieder Tor und beim idyllisch gelegenen Färbertörl.

In Donaumünster strömt die kleine Kessel vorbei am einstigen Amtshaus des Benediktinerklosters Heilig Kreuz der Mündung in die nahe Donau zu.

Der Blick über die Donau auf die barocke Kirche St. Martin im Tapfheimer Ortsteil Donaumünster.

Ein Abstecher ans südliche Donauufer führt in den dörflichen Donauwörther Stadtteil **Auchsesheim**. Ein Blick in die Pfarrkirche St. Georg lohnt nicht zuletzt wegen der Fresken des Rokokomalers Johann Baptist Enderle aus Donauwörth. Auf dem Werner-Egk-Platz entdeckt man eine Denkmalstele für den in Auchsesheim geborenen Komponisten. Auf der B 16 in Richtung Westen erreicht man weiter westlich **Donaumünster**. Die kleine Kessel fließt dort am ehemaligen Amtshaus des Benediktinerklosters Heilig Kreuz vorbei der nahen Mündung in die Donau zu. Über die Donaubrücke führt der Weg an das südliche Donauufer: Dort fällt der Blick über den Fluss auf den Turm der barocken Pfarrkirche St. Martin, die Äbte des Klosters Heilig Kreuz ab 1732 errichten ließen.

Donaumünster ist ein Ortsteil der Gemeinde **Tapfheim**. Direkt an der Bundesstraße 16 (hier: Ulmer Straße) steht in der Dorfmitte die barocke Kirche St. Peter, die der Kaisheimer Abt Coelestin I. Mermos ab 1747 erbauen ließ. Die Fresken der für ein Dorf dieser Größe wohl eher überraschend imposanten Kirche schuf Anton Enderle: Er war der Onkel und Lehrmeister des Donauwörther Malers Johann Baptist Enderle. In Tapfheim errichtete

Die Fresken der Tapfheimer Kirche schuf Anton Enderle: Er war der Onkel und Lehrmeister des Donauwörther Malers Johann Baptist Enderle.

der Kaisheimer Abt Roger II. Friesl ein Lustschlösschen: An der Abt-Mermos-Straße zeigt sich der Südgiebel mit seinen Schneckenvoluten in unverfälschtem Barock.

1730 ließ ein Kaisheimer Abt das barocke Schloss in Tapfheim bauen (Blick auf den Südgiebel).

Ein Denkmal für den Rokokomaler Johann Baptist Enderle steht im Donauwörther Spindeltal. Dieser gefragte Freskant hat dort gelebt und gearbeitet.

Johann Baptist Enderle: ein Donauwörther Freskenmaler im Zeitalter des Rokokos

Im Donauwörther Spindeltal steht die steinerne Stele, an der das bronzene Porträtrelief des 1798 in der Stadt verstorbenen Malers Johann Baptist Enderle sowie eine Inschriftentafel mit einer Kurzvita des Künstlers angebracht sind. Geboren wurde Enderle 1725 in Söflingen bei Ulm. Im nahen Günzburg bildete ihn sein Onkel Anton Enderle aus. Als Johann Baptist Enderle 1755 die Witwe eines Donauwörther Malers ehelichte, kam er durch diese Heirat zur Handwerksgerechtigkeit, konnte also die Werkstatt übernehmen und sich das Bürgerrecht der Stadt erkaufen. Gemalt hat Enderle vor allem im nordwestlichen Teil des Bistums Augsburg, nur zweimal nahm er auch auswärtige Aufträge (in Mainz) an. Von 1752 und 1795, in der Blütezeit des Rokokos, zählte er zu den gefragtesten Malern in der Region: In 45 Sakralbauten schuf Enderle die Fresken. Im Geopark Ries findet man Werke Enderles (der öfter auch von den Fuggern beauftragt wurde) zum Beispiel in Donauwörth (im Kloster Heilig Kreuz und im Deutschordenshaus), in Mündling, Buggenhofen, Auchsesheim und Fünfstetten.

Das Mittelteil des Orgelprospektes von 1755 in der Unterliezheimer Klosterkirche trägt eine Uhr.

Zwölf Kilometer westlich von Tapfheim erreicht man (beim Weg über **Oberliezheim** – dort ist die überlebensgroße Schnitzfigur einer Muttergottes aus der Zeit um 1520 in der Kirche St. Leonhard sehenswert) **Unterliezheim**: Das dortige, 1802 säkularisierte Benediktinerinnenkloster wurde schon 1026 gestiftet. Den Südflügel des vierseitigen Klosterkomplexes bildet die äußerst sehenswerte barocke Kirche St. Leonhard. Die farbenfrohen Fresken malte 1733 der Augsburger Christoph Thomas Scheffler. Unterliezheim ist ein Ortsteil von **Lutzingen**, wo mit der Pfarrkirche St. Michael ein weiterer Höhepunkt in der Kette qualitätvoller schwäbischer Barockkirchen folgt. Der Lauinger Johann Anwander hat die dortigen Fresken gemalt. Am Chorbogen sieht man das Wappen des Herzogs Karl Theodor von Pfalz-Neuburg, der Ende 1742 Kurfürst von der Pfalz sowie Ende 1777 (als Karl Theodor II.) Kurfürst von Bayern wurde. An der Kirchhofmauer erinnert eine Gedenktafel daran, dass Lutzingen im Spanischen Erbfolgekrieg – in der Schlacht bei Höchstädt – „zu drei Vierteln" zerstört wurde.

Südlich von Lutzingen gruppieren sich die Häuser des Dorfes **Mörslingen** um die Pfarrkirche St. Martin. Ihr

In der Kirche St. Michael in Lutzingen stellt ein Motiv der barocken Fresken die offensichtlich streitbaren Mächte der Hölle dar.

gotischer Turm ist das Relikt einer Chorturmanlage, die im 13./14. Jahrhundert errichtet wurde. Das Erdgeschoss des Kirchturmes von Mörslingen dient heute als Tauf-

Der Mörslinger Kirchturm wurde auf den Mauern einer mittelalterlichen Chorturmkirche errichtet.

Die Taufkapelle im Erdgeschoss des Turmes der Kirche in Mörslingen birgt Wandmalereien aus der ersten Hälfte des 14. Jahrhunderts.

kapelle. Sie birgt einen Kunstschatz: Gotische Fresken aus der ersten Hälfte des 14. Jahrhunderts stellen dort Heilige und Engel dar. Das Motiv der Heiligen Familie

Jüngere gotische Wandfresken in der Mörslinger Kirche zeigen die Anbetung der Heiligen Familie.

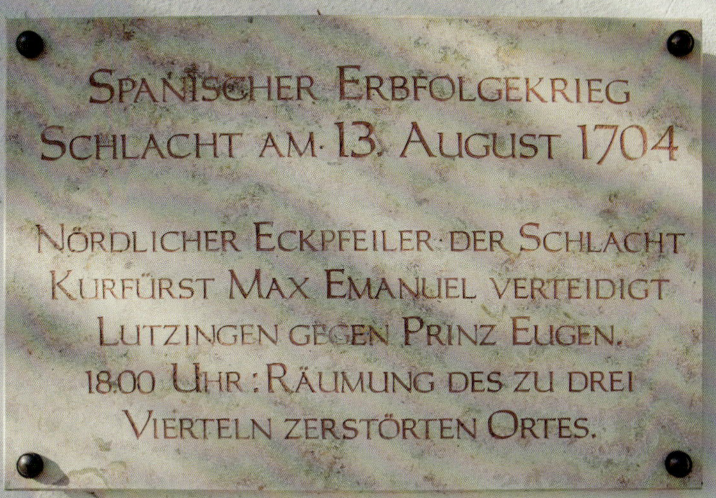

Eine Inschriftentafel bei der Kirche in Lutzingen erinnert an den Spanischen Erbfolgekrieg.

Schlachten bei Höchstädt und Donauwörth: Denkmäler blutiger Kriege im Donautal

Das breite und flache Donautal bot sich als „Autobahn des Kriegs" an, weshalb heute am südlichen Rand des Geoparks Ries Denkmäler und Museen an den Schmalkaldischen Krieg, den Dreißigjährigen Krieg und den Spanischen Erbfolgekrieg erinnern. In der blutigsten Schlacht im Donautal prallten am 13. August 1704 die Großmächte Europas aufeinander: Im Verlauf der achtstündigen Schlacht bei Höchstädt wurden 32 000 Soldaten getötet oder verwundet. An diese Schlacht im Spanischen Erbfolgekrieg und an die Zerstörung des Dorfes Lutzingen erinnert eine Gedenktafel an der dortigen Kirchhofmauer. Ein Gedenkstein markiert den Lutzinger Aussichtspunkt des französischen Begleittrosses. In Höchstädt, wo im September 1703 eine erste Schlacht geschlagen worden war, zeigt eines der Schlachtendioramen im Heimatmuseum auch den Kampf um Lutzingen. In diesem Krieg hatten bereits am 2. Juli 1704 rund 13 000 ihr Leben in der Schlacht am Schellenberg in Donauwörth verloren. Eine Gedenktafel am Fuß des Kalvarienberges erinnert daran, dass die 1734 vollendete Anlage „über dem Massengrab" der Gefallenen errichtet wurde.

Die neoromanische Kirche St. Johannes Baptist in Oberfinningen entstand von 1861 bis 1863.

und der anbetenden Heiligen Drei Könige entstand erst später – in der zweiten Hälfte des 15. Jahrhunderts.

Nördlich von Lutzingen liegt die Kommune Finningen: Den Ortsteil **Oberfinningen** überragt der Turm der neugotischen Kirche St. Johannes Baptist. Figuren der beiden Bistumsheiligen Ulrich und Afra – schwäbische Arbeiten aus der Zeit um 1500 – sind herausragende Kunstwerke im Inneren. Figuren dieser Heiligen birgt auch die Kirche St. Martin im Ortsteil **Unterfinningen**: Diese Kunstwerke wurden wohl in den Jahrzehnten nach 1550 geschaffen. Nördlich dieser Kirche steht das einstige Wasserschloss (heute Hotel-Restaurant „Zum Schlössle").

Von Oberfinningen führt der Weg in das fünf Kilometer entfernte **Mödingen**. Im Langhaus der Kirche St. Otmar findet man eine Pietà des Dillinger Bildhauers Johann Michael Fischer aus der Zeit um 1750. An der Friedhofsmauer entdeckt man ein bemerkenswertes, da mit dem Relief einer Breze verziertes Grabmal: Die „Ruhestätte der ehrsamen Josepha Graf geweßte Bäkerin Dahier". Mödingen gehörte wie das benachbarte, reizvoll über dem Donautal gelegene Dorf **Bergheim** bis in das frühe

Um den Osterstein nahe Unterfinningen hatten sich nach dem Riesimpakt Auswurfmassen (Bunte Breccie) abgelagert. Die Erosion hat den härteren Jurakalk im Lauf von Jahrmillionen freigelegt.

Der Osterstein im Wald bei Unterfinningen: herausgewittert aus Bunten Trümmermassen

In einem Buchenwald gut anderthalb Kilometer nordöstlich des Dorfes Unterfinningen, eines Ortsteils von Finningen im Landkreis Dillingen a.d. Donau, liegt etwas erhöht an einem Forstweg der Osterstein. Dieser unregelmäßig geformte und verwitterte Kalksteinblock nimmt eine Fläche von rund zehn mal sieben Metern ein. Es handelt sich um eine allochthone (also durch das Riesereignis hierher versetzte) Malmscholle: Sie gehört zu jenen Bunten Trümmermassen, die der Impakt an den Nordrand des Donautals verlagerte. Erosionsprozesse modellierten die Kalkscholle (Oberjura) aus weicherem Gestein heraus. Der Osterstein, ein vor- und frühgeschichtlicher Fundplatz, ist nach dem altem Wort „oster" (östlich) benannt.

- Finningen, im Wald beim Ortsteil Unterfinningen, Parken nur im Ort möglich, danach folgt man der Beschilderung in Richtung Geotop über einen Feld- und Forstweg zu Fuß
- www.geopark-ries.de → Osterstein

Ewig mit Breze – der Grabstein einer ehrsamen Bäckerin in der Friedhofsmauer in Mödingen.

19. Jahrhundert dem wohl im Jahr 1246 gegründeten Kloster Maria Medingen in **Kloster-Mödingen**. Diese Orte vereinte Kaiser Ludwig „der Bayer" 1330 zu einer bayerischen Hofmark, die von Kloster-Mödingen aus

Der Blick aus Richtung Bergheim auf den weitläufigen Komplex des Klosters Maria Medingen.

Der nahe Mödingen geborene heilige Ulrich ist im Geopark Ries häufig zu sehen – auch im Kloster Maria Medingen (links) und in Marktoffingen.

St. Ulrich – der Heilige mit dem Fisch wird im Donautal und im Ries besonders verehrt

Der Bischofsstab und die Bibel sind seine Attribute, und auf dem Buchdeckel liegt stets ein Fisch: St. Ulrich ist nicht nur der Bistumsheilige, sondern auch Brunnenheiliger und ein Schutzpatron bei Wassergefahren. Nicht zuletzt ist Ulrich der wohl am häufigsten durch Figuren in den Kirchen und an Fassaden verkörperte oder in Altargemälden und Fresken abgebildete Heilige der Region. In Augsburg, das Bischof Ulrich 955 vor der Schlacht auf dem Lechfeld gegen die Ungarn verteidigt hat, und im Lechtal wird er häufig dargestellt. Doch da Ulrich in Wittislingen (knapp außerhalb des heutigen Geoparks Ries) geboren wurde, ist er auch im Donautal und im Ries oft zu sehen, nahe Wittislingen natürlich im Kloster Maria Medingen in der Kirche Mariä Himmelfahrt. In Marktoffingen – im nördlichen Ries – hat man schon im frühen 12. Jahrhundert eine Ulrichskapelle erbaut, und in der Pfarrkirche verkörpert eine barocke Figur den Heiligen. In Hochaltingen verrät eine zeitgenössische Glasmalerei, wie sehr Ulrich bis heute verehrt wird. In Dischingen bekrönt dieser Heilige eine Prozessionsstange.

Im Stuckaltar der Kirche des Klosters Maria Medingen sieht man eine fast zwei Meter hohe geschnitzte gotische Muttergottesfigur.

verwaltet wurde. Das Kloster Maria Medingen wurde zwar im Zuge der Säkularisation 1803 aufgehoben, 1843 jedoch von den Franziskanerinnen im nahen Dillingen, die es bis heute unterhalten, neu belebt. Die barocke Klosterkirche Mariä Himmelfahrt macht diesen von allen Seiten – vor allem vom hoch gelegenen Bergheim aus – schon von Weitem sichtbaren Klosterkomplex zu einem der Höhepunkte einer Tour entlang des südlichen Randes des Geoparks Ries westlich von Donauwörth.

Der mittelalterliche Baubestand des Klosters, das wohl Graf Hartmann IV. von Dillingen gegründet hatte, ist verschwunden. Die Klosteranlage im Donautal wurde ab 1716 völlig neu errichtet. Der Baumeister, Dominikus Zimmermann, war ein berühmter Vertreter der Wessobrunner Schule. (Sein Hauptwerk ist die Wieskirche bei Steingaden, die 1983 zum UNESCO-Welterbe wurde.) Die Klosterkirche war bis 1718 fertiggestellt und wurde 1721 geweiht. Die anderen Trakte der um zwei Innenhöfe gruppierten Anlage hat man bis 1758 errichtet. Die Deckenbilder in der reich ausgestatteten Klosterkirche schuf der ältere Bruder des Baumeisters, Johann Baptist

In der Margaretenkapelle des Klosters Maria Medingen findet man die Tumba der in Donauwörth geborenen Mystikerin Margarete Ebner.

Im Kloster Maria Medingen erinnert die Margaretenkapelle an eine Mystikerin und Selige

Das Schicksal von Frauen im Mittelalter ist selten überliefert – es sei denn, sie waren Adelige oder besaßen eine wichtige Stellung in der Kirche. Die um 1291 in Donauwörth geborene Margareta Ebner zählt zur zweiten Kategorie. Als 15-Jährige war sie ins Kloster der Dominikanerinnen von Maria Medingen bei Mödingen eingetreten. Ab 1312 erfuhr diese zeitlebens kranke Mystikerin Visionen, in denen sie von Christus angesprochen wurde. 1332 lernte Ebner den Priester und Mystiker Heinrich von Nördlingen kennen: Ihre Korrespondenz ist der älteste noch erhaltene Briefwechsel in deutscher Sprache. Als Margarete Ebner am 20. Juni 1351 in Mödingen starb, wurde sie wie eine Heilige verehrt. Die Inschrift des mittelalterlichen Hochgrabs in der Margaretenkapelle nennt sie „Selige". Diese Kapelle an der Südseite der Klosterkirche entstand von 1753 bis 1755. Das barocke Deckenfresko zeigt die Aufnahme der Mystikerin in den Himmel. 2015 wurde diese Kapelle durch einen Brand beschädigt (renoviert bis 2020). Papst Johannes Paul II. nahm 1979 an Ebner seine erste Seligsprechung vor.

Zimmermann. Einige der Kunstwerke sind besonders beachtenswert: In der mittleren Nische des klassizistischen Hochaltars – ein Stuckmarmoraltar – steht eine lebensgroße, um 1460 geschnitzte Madonnenfigur der Ulmer Schule. Trotz seiner formalen Schlichtheit anrührend ist das Sandsteinrelief eines Heilig-Grab-Christus vom Ende des 13. Jahrhunderts unter der Westempore. Aus der Bauzeit stammt die mit Putten verzierte barocke Kanzel, ein Meisterwerk des Dillinger Bildhauers Stephan Luidl. Auch hier sieht man eine Figur des heiligen Ulrich, der im zwei Kilometer entfernten Wittislingen (das außerhalb der Grenze des Geoparks Ries liegt) geboren wurde.

Im Kloster Maria Medingen findet man die Margaretenkapelle (auch: Ebnerkapelle). Dort steht das Hochgrab der in Donauwörth geborenen Mystikerin Margarete Ebner, die von 1305 bis 1351 im Kloster lebte. Das Ganzkörperrelief auf der wohl bald nach Ebners Tod angefertigen steinernen Tumba stellt die Verstorbene liegend dar. Die Fresken und Gemälde in der Margaretenkapelle zeigen Szenen aus der Vita dieser Dominikanerin. Noch heute ist Margareta Ebners Grab ein Wallfahrtsziel.

In der Klosterkirche: Barockputten am Schalldeckel der Kanzel und der gotische Heilig-Grab-Christus, der gegen Ende des 13. Jahrhunderts entstand.

Gut zu wissen – Tourismustipps zum Geopark Ries

- **Tourist-Info Donauwörth** Auskunft und Prospekte erhält man bei der Städtischen Tourist-Information Donauwörth, Rathausgasse 1, 86609 Donauwörth, Telefon 09 06/7 89-1 50, tourist-info@donauwoerth.de, www.donauwoerth.de→ Tourismus.
- **Reiseführer für Donauwörth** Die ehemalige Reichsstadt hat etliche Sehenswürdigkeiten zu bieten. Diese beschreibt das 96-seitige Taschenbuch „Donauwörth. Der offizielle Stadtführer der bayerisch-schwäbischen Donaustadt".
- **Baden mit Ausblick** Am Schellenberg hoch über Donauwörth liegt das Freibad an der Sternschanzenstraße. Dort verbindet sich ein Sonnenbad mit der Sicht auf das westliche Donautal.
- **Baden in Baggerseen** Baden in freier Natur? Das geht westlich von Donauwörth im Naherholungsgebiet Riedlinger Baggerseen sowie in Tapfheim. Mehr zum Badespaß unter www.ferienland-donau-ries.de→Riedlinger Baggerseen.
- **Theater am Geotop** Zur Freilichtbühne am Mangoldfelsen und ihrem Programm informieren Telefon 09 06/89 81 und die Website www.freilichtbuehne-donauwoerth.de.
- **Donauwörther Fischerstechen** Seit 1737 sind Wasserstechen in Donauwörth überliefert. Das Turnier der Donauwörther Fischerstecher findet heute alle zwei Jahre auf der Wörnitz bei der Insel Ried statt (www.donauwoerth.de).
- **Schlacht am Schellenberg** Zum Spanischen Erbfolgekrieg, zur Schlacht auf der Anhöhe hoch über Donauwörth und zur Entstehung des dortigen Kalvarienberges informiert www.ferienland-donau-ries.de→Schlacht am Schellenberg.
- **Schlacht bei Höchstädt** Mehr zu dieser Schlacht im Donautal: www.ferienland-donau-ries.de→Schlacht bei Höchstädt.
- **Mehr zum Landkreis Dillingen** Die westlichen Stationen dieser Route gehören zum Landkreis Dillingen a.d. Donau. Auskünfte und Broschüren zum „Dillinger Land" erhält man bei Donautal-Aktiv e.V., Hauptstraße 16, 89431 Bächingen/ Brenz, Telefon 0 73 25/95 10-1 40, info@donautal-aktiv.de, www.dillingerland.de.
- **Klostermarkt Unterliezheim** In der Wagenremise des ehemaligen Benediktinerklosters werden Lebensmittel aus der Region, Spezialitäten und Hausgemachtes direkt vermarktet (jeden Donnerstag von 16.30 bis 19 Uhr). Mehr Information: www.klostermarkt-unterliezheim.de.

Über dem Donautal in Richtung Osten

Zu Aussichtspunkten mit Alpenblick

Donauwörth
Graisbach
Kaisheim
Lechsend
Leitheim
Marxheim
Schäfstall
Schweinspoint

An Föhntagen genießt man vom Donauwörther Schellenberg aus die freie Sicht auf die Alpen. Vor den Bergen ist dann auch Augsburg zu erkennen.

Am südlichen Rand der Monheimer Alb und am nördlichen Ufer der Donau

Zwischen der Donau und den Höhen des Fränkischen Jura führt der Weg ab Donauwörth rund 20 Kilometer den Fluss entlang in Richtung Osten, wobei ein Abstecher zum Kloster Kaisheim (sieben Kilometer nördlich der Stadt Donauwörth) zu den Höhepunkten dieser Route gehört. Kaisheimer Äbte waren auch für den Bau von Schloss Leitheim verantwortlich, wo heute wieder Wein angebaut wird und ein Teufel im Glas auf Besucher wartet. Ein Denkmal erinnert an den französischen Kaiser Napoleon.

Diese Tour am südöstlichen Rand des Geoparks Ries ab **Donauwörth** endet bald nach der Mündung des Lechs in die Donau. Beginnen kann sie in der Donauwörther Altstadt – durch die Reichsstraße und dort vorbei am Rathaus, am Rieder Tor und am Deutschordenshaus in der Kapellstraße in Richtung Neuburg an der Donau. Wegen der bei klarer Luft besonders lohnenden Fernsicht

Hoch über dem Donautal nahe Donauwörth steht die Kirche St. Felizitas in Schäfstall.

über die Donau, auf das Lechtal und bis zu den Alpen könnte die Tour auch auf dem Schellenberg beginnen: Mit dem Auto führt diese Route über die Schellenbergstraße und danach auf der Staatsstraße 2215 – immer an der Donau entlang – in den Donauwörther Stadtteil **Schäfstall**. Dort steht die im 13. Jahrhundert errichtete kleine Chorturmkirche St. Felizitas in idyllischer Alleinlage am westlichen Ortsrand auf dem hohen Steilhang der Fränkischen Alb. Die dortige Fernsicht nutzte schon Napoleon: Wenige Schritte nördlich der Kirche erinnert der Napoleon-Gedenkstein mit einer Inschriftentafel daran, dass der französische Kaiser 1805 von dort aus den Übergang seiner Armee über den Lech inspiziert hat.

Die weite Aussicht von der Jurahangkante bei Schäfstall ermöglicht auch einen Blick auf das vier Kilometer flussabwärts gelegene Schloss in **Leitheim**. Über dem Hang, der hier steil zur Donau hin abfällt, hatte schon 1542 ein Abt des nahen Klosters Kaisheim das Weingärtnerhaus erbauen lassen und den dortigen Weinberg des Klosters mit einer Mauer umgeben. Der Abt Elias Götz ließ diese Anlage bis 1696 zur Sommerresidenz ausbauen: Damals entstanden das Schloss, die Schlosskirche und auch der

Bei Schäfstall findet man den Napoleon-Gedenkstein. An dieser Stelle beobachtete der Kaiser 1805 den Übergang von Truppen über den Lech.

Laubengang, der beide Bauten verbindet. Unter Abt Coelestin I. Mermos wurde das Schloss bis 1751 aufgestockt und innen prächtig ausgestattet. Der Augsburger

Ein Arkadengang verbindet Schloss Leitheim mit der benachbarten Schlosskirche St. Blasius.

Das Schloss in Leitheim war die Sommerresidenz der Äbte des Klosters Kaisheim. Am steilen Südhang wurden wie früher Rebstöcke gesetzt.

Gottfried Bernhard Göz schuf seinerzeit die barocken Wand- und Deckengemälde. Seine Fresken schmücken bis heute das Treppenhaus, den Festsaal und drei Salons.

Ein Fresko des Malers Gottfried Bernhard Göz zeigt die Kaisheimer Sage vom „Teufel im Glas".

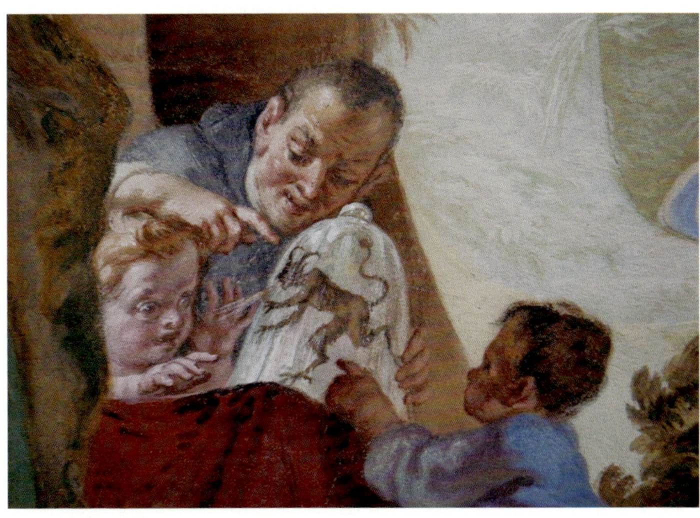

Von der einstigen Burg der Grafen von Graisbach blieb die malerische Ruine. Die romanische Burgkapelle aus dem 12. Jahrhundert ist erhalten.

Der Freskenzyklus wurde als „[…] künstlerischer Höhepunkt des bayerisch-schwäbischen Rokokos" gepriesen. Im Festsaal hat Göz den Bauherrn, sich selbst und die Kaisheimer Sage vom „Teufel im Glas" im Deckenfresko abgebildet. Die Aussicht von der Aussichtsterrasse des Schlosses über das Lechtal darf atemberaubend genannt werden. Der steile Südhang unter dieser Terrasse wurde erst vor ein paar Jahren erneut zu einem Weinberg.

Gut anderthalb Kilometer von Leitheim entfernt (eine knappe halbe Stunde zu Fuß) liegt **Graisbach**. Auch hier geht es steil hangaufwärts, und am westlichen Ortsrand hat sich der kleine Griesbach auf dem Weg zur Donau ein enges Tal gegraben. Diese Topografie prädestinierte Graisbach geradezu als Standort einer mittelalterlichen Festung. Die – zu bestimmten Zeiten (nur mit Führung) zugängliche – Ruine (Burgweg 7) mit der kleinen Burgkapelle St. Pankratius aus dem 12. Jahrhundert lohnt den Weg in jedem Fall. Den freien Blick auf die ehemalige Stammburg der Grafen von Graisbach hat man von einer Hangkante über dem westlichen Ortsrand. Die Grafen von Graisbach hatten sich anfangs nach einer Burg auf

Die Burg in Graisbach war die zweite namensgebende Stammburg der einst mächtigen Grafen von Lechsgemünd und Graisbach.

Die Burgruine hoch über Graisbach erinnert an die Grafen von Graisbach-Lechsgemünd

Ihre Burgen in Lechsgemünd und Graisbach waren die beiden namensgebenden Stammsitze der reich begüterten Grafen von Lechsgemünd-Graisbach. An ihre Burg in Lechsend, die im Streit um eine Zollstelle (1248) von Regensburger Kaufherren zerstört wurde, erinnert heute noch ein Burgstall. Hatten sich die Grafen von Lechsgemünd bis dahin nach dieser Veste benannt, trugen sie später – nach ihrer zweiten Burg – den Titel der Grafen von Graisbach. Die Herkunft des Geschlechtes liegt im Dunkel. Bis in die erste Hälfte des 13. Jahrhunderts verfügte es über Besitzungen in Kärnten, in Osttirol und im Salzburger Land. Neben ihrem Machtzentrum bei Marxheim besaßen die Grafen von Graisbach um 1137/38 die Burgen in Harburg und in Möhren bei Treuchtlingen. Sie gründeten 1133 zudem das Zisterzienserkloster Kaisheim und 1241 das Zisterzienserinnenkloster Niederschönenfeld bei Marxheim. Vom Aussterben der Graisbacher (1327) profitierten vor allem die Wittelsbacher, die mitunter auch den Titel des Grafen von Graisbach führten. Bis 1523 saß auf Burg Graisbach ein wittelsbachisches Landgericht.

Bei Lechsend liegt einer der Jurahänge zwischen Leitheim und Neuburg, die nach der Fauna-Flora-Habitat-Richtlinie geschützt sind.

dem Donausteilufer im nur zwei Kilometer entfernten **Lechsend** Grafen von Lechsgemünd genannt. Hoch über dem Fluss ist der Burgstall im Gelände auszumachen. Der

Der Blick vom Donauhochufer bei Lechsend auf das barocke Schloss im nahen Leitheim.

Von der Brücke (im Hintergrund) im Marxheimer Ortsteil Bruck hat man den freien Blick auf die Mündung des Lechs in die Donau.

Der Lech mündet nicht (mehr) bei Lechsend in die Donau – eine Folge der Flusskorrektion

Wie ein mächtiger Sperrriegel bestimmt der Fränkische Jura zwischen Donauwörth und Regensburg den Lauf der Donau, in die südlich von Marxheim der Lech mündet. Dieser Gebirgsfluss, der im Vorarlberger Lechquellengebirge entspringt, ist im 19. Jahrhundert in Bayern weitestgehend durch die Flusskorrektionen begradigt und kanalisiert worden, um dadurch weitere landwirtschaftliche Nutzflächen zu gewinnen. Dass auch die Mündung bei Marxheim nicht dem ursprünglichen Flusslauf entspricht, verrät der Name des zweieinhalb Kilometer westlich gelegenen Ortes Lechsend, bei dem einst die Burg Lechsgemünd hoch über der Lechmündung am gegenüberliegenden südlichen Donauufer stand. Die beste Sicht auf die Lechmündung hat man von der Donaubrücke der Staatsstraße 2047 im Marxheimer Ortsteil Bruck. Was kaum bekannt ist: Im Donau-Lech-Mündungsdreieck gewinnt das Wasserwerk Genderkingen Trinkwasser für den Großraum Nürnberg: Das Wasser wird 155 Meter hoch in den Scheitelbehälter Graisbach gepumpt. Von dort führt eine Fernleitung bis nach Erlangen.

Teile der Kirche St. Peter und Paul in Marxheim stammen noch aus dem 14. Jahrhundert.

Blick vom Steilhang, bei dem bis zur Flusskorrektion die namensgebende Mündung des Lechs lag, schweift über Donaualtwasser und den Fluss bis zum vier Kilometer entfernten Schloss Leitheim. Lechsend ist ein Ortsteil des zweieinhalb Kilometer entfernten **Marxheim**. Dieses Dorf überragt der satteldachgedeckte Turm der Kirche St. Peter und Paul, der 1685 über dem Unterbau einer Chorturmanlage aus dem 14. Jahrhundert erhöht wurde. Marxheim nennt sich „bayerisches Stammesdreieck": Auch hier stoßen Sprachgrenzen Schwabens (westlich), Frankens (nördlich) und Altbaierns (östlich) aufeinander. Im knapp zwei Kilometer entfernten Marxheimer Ortsteil **Schweinspoint** prägen die Kirche St. Bartholomäus und das im Kern spätmittelalterliche Schloss das Dorfzentrum. Ein Torbau verbindet die beiden Bauten. Der vierflügelige Schlosskomplex dient heute der Stiftung Behindertenwerk St. Johannes als Anstaltsgebäude.

Die nördlich der Donauhänge im Kaibachtal gelegene Marktgemeinde **Kaisheim** ist von Leitheim (knapp acht Kilometer entfernt), von Graisbach (neun Kilometer) wie von Marxheim (zwölf Kilometer) rasch erreicht. Diese kurzen Wege nach Kaisheim könnten Graf Heinrich I.

Von Schäfstall aus schaut man auch auf einige Baggerseen am südlichen Flussufer der Donau.

Nach Kiesabbau an den Ufern der Donau: rekultivierte Baggerseen werden zu Badeseen

Gleich drei Seen im Landkreis Donau-Ries sind als EU-Badegewässer eingestuft, alle drei liegen in den Grenzen des Geoparks Ries. Neben dem Waldsee Wemding handelt es sich um zwei Baggerseen an der Donau – im Donauwörther Stadtteil Riedlingen der eine, in der Gemeinde Tapfheim der zweite. Letztere gehören zu kleinen Seenplatten, die der Kiesabbau an den Donauufern verursacht. Die Rekultivierung mehrerer Kiesgruben ließ das Naherholungsgebiet „Baggersee Riedlingen" entstehen. Neben Liegewiesen, Toiletten, Umkleiden und Parkplätzen wurden ein Spielplatz und Beachvolleyballplätze angelegt. Nicht jedes Gewässer am Ufer der Donau im Geopark Ries ist – so wie etwa die ausgedehnte Seenplatte bei Altisheim und Schäfstall – dem Kiesabbau geschuldet. Unterhalb von Schloss Leitheim erstrecken sich auch Altarme der Donau – ein Rückzugsraum für Fauna und Flora – entlang des nördlichen Flussufers zwischen Altisheim und Lechsend.

· Informationen zum Baden in den Riedlinger Baggerseen: www.ferienland-donau-ries.de → Riedlinger Baggerseen

Die Kirche St. Bartholomäus und das ehemalige Schloss im Marxheimer Ortsteil Schweinspoint.

von Lechsgemünd dazu bewogen haben, dort vor 1135 ein Zisterzienserkloster zu gründen. Die älteste Niederlassung dieses Ordens im Bistum Augsburg gedieh zu

Der Blick auf die mächtige Anlage des früheren Zisterzienserklosters Kaisheim: Die barocken Konventsbauten dienen als Justizvollzugsanstalt.

Denkmäler glanzvoller Zeiten – die Klosterkirche und der barocke Torbau von Kloster Kaisheim

einer reich begüterten Abtei, die 1656 sogar die Reichsunmittelbarkeit erlangte und zu einem Kleinstaat mit 136 Quadratkilometern, Rechten an 20 Dörfern und fast 10 000 Untertanen anwuchs. Die wirtschaftliche Potenz der Reichsabtei schlug sich – heute kaum zu übersehen – in ihren Bauten nieder. Der Grundstein für die Klosterkirche Mariä Himmelfahrt wurde 1352 gelegt. Der bis 1459 errichtete markante Vierungstum dieser mächtigen kreuzförmigen Basilika ist weithin zu sehen. Über den Ostchor der Kaisheimer Kirche urteilte ein renommierter Kunstführer, dass die Gotik im bayerischen Schwaben „nichts ähnlich Ansehnliches geschaffen" habe.

Von der spätgotischen Ausstattung der Kirche blieb nach der Barockisierung ihres Inneren wenig erhalten. Kaum zu übersehen ist jedoch die farbig gefasste Tumba des Klosterstifters Graf Heinrich von Lechsgemünd vor dem barocken Gitter im Mittelschiff, das die Mönchskirche von der Laienkirche trennte. Die liegende Ganzfigur des 1142 verstorbenen Grafen hält ein Kirchenmodell. Entstanden ist dieses mittelalterliche Hochgrab erst 1434. Spektakuläre Denkmäler des Barockzeitalters sind die Orgel und die Orgelempore im Westen des Langhauses:

Vor dem Gitter im Mittelschiff der Klosterkirche: die farbig gefasste Tumba des 1142 verstorbenen Klostergründers Graf Heinrich von Lechsgemünd.

Musizierende Engel zwischen Engelsköpfen schmücken die um 1670 geschnitzte Orgelempore vor dem siebenteiligen, reich verzierten Prospekt des Instrumentes. Auf dieser Orgel hat sicher auch Wolfgang Amadé Mozart gespielt. Vom 13. bis zum 24. Dezember 1778 war der junge Salzburger der Gast des Abtes und Reichsprälaten Coelestin II. Angelsprugger. Nur ein paar Schritte vom Hauptportal der Klosterkirche entfernt bezeugt eine Gedenktafel, dass Mozart im Gasthaus der Reichsabtei logiert hat. In einem Brief an seinen „papa" – Leopold Mozart – machte er sich über das störende nächtliche Gewese der klostereigenen Wachsoldaten lustig.

Die an der Süd- und Ostseite der Kirche angebauten dreigeschossigen Klostergebäude entstanden bis 1721. Sie gruppieren sich um zwei Innenhöfe. Über zwei Geschosse des Ostflügels erstreckt sich der Kaisersaal, dessen Wände und Decken reich bemalte Stuckdekoration schmückt. An die Glanzzeit der Reichsabtei im Barockzeitalter erinnert auch der Anfang des 18. Jahrhunderts errichtete viergeschossige Torturm nördlich der Kirche. Der in eine Turmnische gemalte Reichsadler mit einem

Der gotische Ostchor der Kirche ist typisch für die strenge Architektur des Zisterzienserordens.

„K" im Brustschild sollte jedem Ankömmling die reichsunmittelbare Stellung der Abtei vor Augen führen. Mit dieser Stellung war es jedoch vorbei, als die Reichsabtei

Die geschnitzte Brüstung vor dem barocken Orgelprospekt in der Klosterkirche Mariä Himmelfahrt zieren Engelsköpfe und musizierende Engel.

In zwei Geschossen des Klostergebäudes: der im Rokokostil stuckierte und ausgemalte Kaisersaal.

Kaisheim 1802 im Zuge der Säkularisation dem jungen Königreich Bayern zugeschlagen wurde. Weil die bisherige Nutzung des riesigen Areals entfallen war, wurde das Kloster 1816 zum Strafarbeitshaus und 1863 in ein

Im ehemaligen Kloster kann man auch das Justizvollzugsmuseum „Hinter Gittern" besichtigen.

Die Gunzenheimer Gump bei Kaisheim entstand in einer Abbaugrube auf einer mächtigen Kalkscholle über Bunten Trümmermassen.

Idyllisches Gewässer auf der Monheimer Alb: die Gunzenheimer Gump bei Kaisheim

Das Erholungsgebiet Monheimer Alb erstreckt sich – am Südwestrand der Fränkischen Alb und als Teil des Naturparks Altmühltal – von Zwerchstraß im Norden bis zum Nordufer der Donau im Süden sowie von Tagmersheim im Osten bis an den Rand des Wörnitztals im Westen. Bei Kaisheim, am südlichen Rand der Monheimer Alb, liegt westlich der B 2 die Gunzenheimer Gump. Dieses Gewässer findet man unweit der Heidebrünnl-Kapelle nahe der Bergstraße in Richtung des Ortsteils Gunzenheim. Der Teich am Waldrand ist zwar lediglich 1500 Quadratmeter groß, jedoch idyllisch in eine Magerrasenfläche eingebettet. Die Gump ist das Relikt eines Schurfes: Auf einer tausende Kubikmeter großen ortsfremden Malmscholle, die beim Riesimpakt hierher geschleudert wurde, baute man den Jurakalk ab. In der dabei entstandenen Grube staute sich das klare Wasser der Gunzenheimer Gump: Ihren Untergrund dichtet tonreiches Gestein der Bunten Trümmermassen ab.

· Kaisheim, Ortsteil Gunzenheim, an der Bergstraße

Die kleine Heidebrünnl-Kapelle westlich von Kaisheim erinnert an ein gleichnamiges Wallfahrtsziel im Altvatergebirge.

Zuchthaus umgewandelt. Bis heute dient das einstige Kloster als Justizvollzugsanstalt. Langfristig betrachtet trug diese Kulturbarbarei aus den Anfängen des Königreiches Bayern immerhin dazu bei, den Erhalt der Bausubstanz zu sichern. Höchst informativ ist das im Kloster eingerichtete Strafvollzugsmuseum „Hinter Gittern": Im Foyer und in Räumen, die an den Kaisersaal angrenzen, vermittelt die Ausstellung, wie sich der Strafvollzug und das Leben im Gefängnis im Lauf der Zeit veränderten.

Eine ungewöhnliche Kapelle und ein nasses Geotop locken Besucher auch in den Westen von Kaisheim (beide westlich der Bundesstraße 2). Die Heidebrünnl-Kapelle soll an eine gleichnamige Kapelle im Altvatergebirge erinnern: Ernst Seifert, ein Heimatvertriebener aus dem Sudetenland, hat sie in Kaisheim nachgebaut. Die aus Holz errichtete Kapelle wurde 2004 geweiht. Auf dem zwei Hektar großen Areal kamen später eine gemauerte Brunnenstube und ein Waldlehrpfad hinzu. Nur etwas weiter westlich liegt die Gunzenheimer Gump: Das glasklare Wasser in diesem Teich erinnert an den Abbau von Kalkstein – und an das Riesereignis.

Berühmtes Fossil im Naturpark Altmühltal – der Urvogel Archaeopteryx im Museum Solnhofen.

Erdgeschichte in der Heimat des Archaeopteryx: geotouristische Ziele im Naturpark Altmühltal

Ein wesentlicher Teil des Geoparks Ries liegt im Naturpark Altmühltal – nicht nur die Städte Treuchtlingen, Wemding und Monheim und damit die Monheimer Alb, sondern auch Kaisheim und Leitheim. Der viertgrößte Naturpark Deutschlands (und größte Bayerns) lockt mit vielen geotouristischen Zielen: Die markanten Felsformationen an den Hängen des Altmühltals entstanden als Riffe im Jurameer. Zeugnisse der Urzeit sind aber auch jene teils prominenten Fossilien, die in den Steinbrüchen im Naturpark ans Licht kamen und heute in den Fossilienmuseen zu sehen sind. Das Museum Solnhofen führt zum Beispiel in einem „Paläo-Zoo" durch Lebensräume der Jurazeit – und zeigt zwei Exemplare des Archaeopteryx. Fossilien dieses Urvogels – eines Zeugen der Evolution vom Flugsaurier zum Vogel – wurden nur in der Region entdeckt.

· Mehr zur Region im Informations- und Umweltzentrum Naturpark Altmühltal, Notre Dame 1, 85072 Eichstätt, Telefon 0 84 21/98 76-0, info@naturpark-altmuehltal.de, www.naturpark-altmuehltal.de → Fossilien

Gut zu wissen – Tourismustipps zum Geopark Ries

- **Tourist-Info Donauwörth** Auskunft und Prospekte erhält man bei der Städtischen Tourist-Information Donauwörth, Rathausgasse 1, 86609 Donauwörth, Telefon 09 06/7 89-1 50, tourist-info@donauwoerth.de, www.donauwoerth.de→ Tourismus.
- **Informationen zum Ferienland Donau-Ries** Zu Sehenswürdigkeiten in Leitheim, Kaisheim oder Graisbach informiert auch das Ferienland Donau-Ries, Pflegstraße 2, 86609 Donauwörth, Telefon 09 06/74-2 11, info@ferienland-donau-ries.de und im Internet (www.ferienland-donau-ries.de).
- **Sehenswertes in Kaisheim und Leitheim** Zu Sehenswürdigkeiten in Kaisheim sowie im Kaisheimer Ortsteil Leitheim (außerdem zu weiteren Zielen im Geopark Ries) führt die Website der Marktgemeinde Kaisheim (www.kaisheim.de). Dort liest man auch einiges über das Strafvollzugsmuseum in der JVA Kaisheim – und zur Historie des Strafvollzugs.
- **Alpenblick und Baden** Vom Südende der Sternschanzenstraße auf dem Donauwörther Schellenberg schaut man in der kalten Jahreszeit bei Föhn bis zu den Alpen. An heißen Tagen empfiehlt sich eher der Weg ins benachbarte Freibad.
- **Leitheimer Schlosskonzerte** Zur jährlichen Konzertreihe auf Schloss Leitheim (wo die Messerschmitt Stiftung seit 2015 ein Hotel betreibt) und zu Führungen im Schloss informiert www.ferienland-donau-ries.de→Leitheim. Seit 1959 gastieren renommierte Musiker bei den Leitheimer Schlosskonzerten.
- **Führungen auf Schloss Leitheim** Zu Führungen informiert auch www.schloss-leitheim.de→Kultur Führungen.
- **Führungen auf der Burgruine Graisbach** Zu den Führungsterminen informiert das Ferienland Donau-Ries unter www.ferienland-donau-ries.de→Graisbach.
- **Mozart in Kaisheim** Diese Episode in der Klosterhistorie und die Bedeutung von Schloss Leitheim für den Komponisten beschreibt ein Reisetaschenbuch – „Mozart. Ein halber Augsburger. Geschichte und Denkmäler der Mozarts in und bei Augsburg“ (www.context-mv.de→Mozart Denkmäler).
- **Mozartrunde** Die 202 Kilometer lange Radwandertour führt zu Orten an der Donau und im Ries, die Mozart bereist hat. Donauwörth, das Kloster in Kaisheim und Schloss Leitheim, aber auch Hohenaltheim und Nördlingen liegen an dieser Kulturroute (www.ferienland-donau-ries.de→Mozartrunde).

Geoparks – ein weltweiter Trend

Der Schutz einzigartiger Biotope ist in Deutschland schon lange geläufig. Dabei wurden häufig auch Geotope einbezogen. Doch erst seit Ende der 1990er Jahre erfahren geologische Besonderheiten und ihr Schutz eine zunehmend eigenständige Wertschätzung. Die Ausweisung von Geoparks ist seit dem Jahr 2001 weltweit auf dem Vormarsch: Um die Jahrtausendwende rief die UNESCO ein „Globales Geopark Netzwerk" ins Leben, das 2015 in ein offizielles UNESCO-Programm aufgenommen wurde. Erst seit dieser Zeit gibt es die UNESCO Global Geoparks.

In ganz Deutschland bestehen (Stand Mai 2019) 16 von der GeoUnion Alfred-Wegener-Stiftung zertifizierte Nationale Geoparks. Diese Geoparks sind Regionen mit einzigartiger Geologie und geologischen Sehenswürdigkeiten (Geotope) von besonderer wissenschaftlicher Bedeutung, Seltenheit oder Schönheit. Darüber hinaus umfassen sie aber auch archäologische, ökologische, historische und kulturelle Sehenswürdigkeiten.

Das Ziel ist es, den Einheimischen wie den Besuchern Wissen darüber zu vermitteln, wie die Erde entstanden ist, welche geologischen Prozesse sie formen und welche Einflüsse geologische und geomorphologische Vorgänge auf Lebensräume haben. Nationale Geoparks sensibilisieren für die Einzigartigkeit unserer Erde und dienen einem erklärten UNESCO-Ziel – dem Erhalt der Schöpfung.

Günther Zwerger | Heike Burkhardt

Hinweise zur Nutzung dieses Reiseführers in Verbindung mit Informationen im Internet

Die zentrale Informationswebseite zu den Themen im Geopark Ries findet man unter der Internetadresse **www.geopark-ries.de**. Dort werden unter den Navigationspunkten **„Geotope"** beziehungsweise **„Geologische Besonderheiten"** sämtliche in diesem Buch vorgestellten Geotope und noch etliche mehr ausführlicher beschrieben. Für alle aufgelisteten Orte werden dort Geopositionen für Navigationsgeräte angegeben.

Über das Kartensymbol auf der Startseite kann man auf einer Karte des Geoparks Ries zudem gezielt nach den folgenden Themen suchen:

- Kommunen
- Landkreise
- Geologische Besonderheiten
- Stätten der Besiedelungsgeschichte
- Sehenswürdigkeiten
- Infozentren/-stellen
- Aussichtspunkte
- Gastronomie
- Produzenten
- Wege
- Veranstaltungen

Dieses Buch verweist zur weiterführenden Information auf **www.geopark-ries.de** sowie auf andere Webseiten. Ein Pfeil → nach der jeweiligen Internetadresse gibt an, unter welchem Navigationspunkt der entsprechenden Seite beziehungsweise unter welchen Schlagworten in der Suchfunktion man die vertiefenden Inhalte findet.

Anders als unter www.geopark-ries.de sind vertiefende Textkästen in diesem Taschenbuch nicht mit verschiedenen Farbigkeiten, sondern mit zwei Symbolen markiert:

Geschichte, Persönlichkeiten, Baudenkmäler, Museen und Kunst etc. im Geopark Ries

Geotope und generell Natur (Gewässer, Fauna und Flora etc.) im Geopark Ries

Wemding

Besuchen Sie die **Fuchsien- und Wallfahrtsstadt** zwischen Ries und Altmühltal!

Dank

Für sachliche Unterstützung sowie für zwei Beiträge im vorliegenden Reiseführer danken wir Günther Zwerger und Heike Burkhardt vom Geopark Ries e.V. Für Führungen und Hinweise danken wir insbesondere Prof. Dr. Stefan Hölzl, Kurt Kroepelin, Edwin Micheler, Gisela Pösges, Ulrike Steger, Norbert Traub, Doris Thürheimer und Colette Zinsmeister.

Bildnachweis

Die Fotografien in diesem Buch stammen von

Martin Kluger:
Titel (3), Rücktitel (3), Inhalt (467)

Weitere Aufnahmen stammen von

Barbara Binder/Stadt Oettingen:
S. 97 (1/u.)

Wolfgang Felkl/Hotel Schloss Leitheim: S. 361 (1/o.)

Harald Fuchs: S. 132

Geopark Ries e.V.: S. 349

Geopark Ries e.V./Geyer-Luftbild:
S. 65 (1/o.), S. 67, S. 127, S. 134,
S. 145, S. 208, S. 256, S. 299,
S. 326 (1/o.)

Kurt Kroepelin: S. 73

Nicole Mielek: S. 282, S. 302 (1/u.),
S. 303, S. 306

Hendrik Mzyk & Enes Klopic/Luftbild/Fürst Wallerstein Gesamtverwaltung: S. 173

Naturpark Altmühltal: S. 375

Ulrich Wagner/Luftbild: S. 21 (1/o.)

Wikipedia:
Derzno, S. 314, S. 324 (2)
Franzfoto, S. 322 (1/u.)
GFreihalter, S. 88, S. 106, S. 353
Manfi.B, S. 281
ozemode, S. 126 (1/u.r.)
Reinhardhauke, S. 119 (1/u.), S. 240

Impressum

Nationaler Geopark Ries
Landschaft. Geschichte. Kultur.
Martin Kluger

context verlag Augsburg
www.context-mv.de
ISBN 978-3-946917-10-6
1. Auflage, Juni 2019

Umschlaggestaltung:
Nicole Mielek

Grafische Produktion:
concret Werbeagentur GmbH,
Augsburg, www.concret.cc

Druck:
Senser-Druck Augsburg

Bibliografische Information der Deutschen Nationalbibliothek:

Die Deutsche Nationalbibliothek verzeichnet diese Publikation in der Deutschen Nationalbibliografie, detaillierte bibliografische Daten sind im Internet über http://dnb.dnb.de abrufbar.

ISBN 978-3-946917-10-6

www.context-mv.de